中等职业教育国家规划教材

全国中等职业教育教材审定委员会审定

美发与造型

（第三版）

■ 主编 周京红 黄源

高等教育出版社·北京

内容简介

本书是中等职业教育国家规划教材，根据教育部《中等职业学校美发与形象设计专业教学标准》，在第二版的基础上修订而成。

本书共分为10章，内容包括概论，美发行业卫生和安全知识，毛发解剖生理知识，洗发、按摩与护发，修剪与造型，烫发与造型，吹风与造型，漂染技术，盘发与造型，美发造型设计。本书在保留第二版教材框架的基础上，简化了各节的理论知识，重新编写了技能操作内容，增加了操作步骤图，重新编写了思考题。

本书配套网络教学资源，通过封底所附学习卡提示操作，可获取相关教学资源。本书配有28个微视频，以二维码形式在书中呈现，可通过扫描获取。

本书是中等职业学校美发与形象设计专业教材，也可作为美发师的培训教材，还可供美发爱好者、美发产品经营者参考学习。

图书在版编目（CIP）数据

美发与造型 / 周京红，黄源主编．-- 3版．-- 北京：高等教育出版社，2021.8（2024.9重印）
ISBN 978-7-04-053947-9

Ⅰ．①美… Ⅱ．①周… ②黄… Ⅲ．①理发－造型设计－中等专业学校－教材 Ⅳ．①TS974.21

中国版本图书馆CIP数据核字(2020)第050221号

美发与造型
Meifa yu Zaoxing

策划编辑 皇 源 责任编辑 王江华 特约编辑 皇 源 封面设计 王 洋
版式设计 王 洋 责任校对 任 纳 陈 杨 责任印制 耿 轩

出版发行 高等教育出版社
社 址 北京市西城区德外大街4号
邮政编码 100120
印 刷 山东临沂新华印刷物流集团有限责任公司
开 本 889mm×1194mm 1/16
印 张 14.25
字 数 250千字
购书热线 010-58581118
咨询电话 400-810-0598
网 址 http://www.hep.edu.cn
http://www.hep.com.cn
网上订购 http://www.hepmall.com.cn
http://www.hepmall.com
http://www.hepmall.cn
版 次 2002年7月第1版
2021年8月第3版
印 次 2024年9月第7次印刷
定 价 59.00元

物 料 号 53947-00

中等职业教育国家规划教材出版说明

为了贯彻《中共中央国务院关于深化教育改革，全面推进素质教育的决定》精神，落实《面向21世纪教育振兴行动计划》中提出的职业教育课程改革和教材建设规划，根据教育部关于《中等职业教育国家规划教材申报、立项及管理意见》（教职成〔2001〕1号）的精神，我们组织力量对实现中等职业教育培养目标和保证基本教学规格起保障作用的德育课程、文化基础课程、专业技术基础课程和80个重点建设专业主干课程的教材进行了规划和编写，从2001年秋季开学起，国家规划教材将陆续提供给各类中等职业学校选用。

国家规划教材是根据教育部最新颁布的德育课程、文化基础课程、专业技术基础课程和80个重点建设专业主干课程的教学大纲（课程教学基本要求）编写，并经全国中等职业教育教材审定委员会审定。新教材全面贯彻素质教育思想，从社会发展对高素质劳动者和中初级专门人才需要的实际出发，注重对学生的创新精神和实践能力的培养。新教材在理论体系、组织结构和阐述方法等方面均做了一些新的尝试。新教材实行一纲多本，努力为学校选用教材提供比较和选择，满足不同学制、不同专业和不同办学条件的学校的教学需要。

希望各地、各部门积极推广和选用国家规划教材，并在使用过程中，注意总结经验，及时提出修改意见和建议，使之不断完善和提高。

教育部职业教育与成人教育司

2001 年 10 月

第三版前言

2019年1月，国务院颁布了《国家职业教育改革实施方案》，为推动职业教育大改革大发展做出部署；紧接着，教育部、人力资源和社会保障部等多部门相继出台的多项相关政策，更加注重职业教育的高质量发展，支持、完善职业教育和职业培训体系成为我国教育发展的重要组成部分。

文化艺术类的美容美发专业既为生活服务业，又属于文化创意产业。其行业特征表现为：美之天性，职业永恒。只要有人存在，就有美发美容服务行业；需求无穷，发展无限。人类的审美水平不断提升，新的需求不断出现，科技的进步，新设备、新技术、新项目不断涌现；个性需求，不可替代。千人千面，手工操作具有不可替代性；无人不需，无处不在。美容美发是社会生活离不开的行业；一个为国家创造美丽、拉动2000万人就业的行业。

中国人口众多，随着经济的发展，美容美发业具有更大的发展空间，同时，美容美发市场发展也面临巨大挑战，美容美发企业数量越来越多，未来市场将会竞争激烈。因此，在学习阶段，学生应打好基础，为未来就业、创业做好准备。

本书聚焦学习者的需求，与国家技能标准与产业紧密衔接，传递的丰富的专业经验，使学生掌握专业的理论知识和专业技能，让学生在学习与实践中不断地成长。同时，本书还创建"线上+课堂+线下"新型教学模式，帮助每一位学生更好地掌握技能。

本书诚邀经验丰富的企业一线专家、技师参与核心技能的微视频录制，将工匠精神融入教学内容中。本书在整体内容图文并茂的基础上，添加了上课课件、教案、试题及其答案，关键知识点和技能点微视频，更加方便学生学习。为职业院校学生在获得学历证书的同时，积极取得职业技能等级证书提供有力的支持。

本书由周京红、黄源主编。第一章由北京市黄庄职业高中张玲编写、第二章由重庆市教育科学研究院胡彦，贵州省贵阳市女子职业学校黄婷婷、徐灏编写；第三章由北京市延庆区第一职业学校丁晓霞、王红编写；第四章由北京市西城职业学校王卫东编写；第五章由北京市西城职业学校周京红编写；第六章由北京市信息管理学校胡晨光编写；第七章由北京市西城职业学校于春辉、周京红编写；第八章由北京市劲松职业高中梁栋、北京市西城职业学校周京红编写；第九章由广州市旅游商贸职业学校郝广宏编写；第十章由北京市西城职业学校刘卫红编写。修剪造型、漂、染发部分技能微视频由北京实美形象设计中心（原北京市蒙妮坦美容院）伍海权制作。本书部分图片参考了栗红强美发化妆学校金栗国际咨询手册。在此谨致衷心的感谢。

由于水平有限，书中难免有疏漏之处，敬请专家和读者批评指正。读者意见反馈邮箱：zz_dzyj@pub.hep.cn。

本课程课时分配如下：

学时分配表（供参考）

章	课程内容	学时
1	概论	4
2	美发行业卫生和安全知识	6
3	毛发解剖生理知识	8
4	洗发、按摩与护发	18
5	修剪与造型	40
6	烫发与造型	32
7	吹风与造型	20
8	漂染技术	18
9	盘发与造型	24
10	美发造型设计	22
机动		24
合计		216

编者

2021年5月

第二版前言

本书是中等职业教育国家规划教材美容美发与形象设计专业系列教材之一，在2002年第一版的基础上修订而成。

第二版在保留原框架的基础上，本着“够用、好用”的原则，简化了各节的理论知识；重新编写了护发、修剪、烫发、吹风、漂染、盘发等技能操作内容；重新编写了思考题。在编写中注重补充新知识、介绍新技术，通过技能训练，使学生能尽快地掌握相关技能，以适应岗位的需求。本书的思考题紧密结合劳动技能考核标准，以满足本专业学生毕业时考取行业资格证书的需求。

本书采用全彩色印刷，直观清晰，有助于学生掌握细节技能的重点与难点，也适合初学者及各类培训班学生学习使用。

本书由黄源、周京红任主编。北京市黄庄职业高中张玲编写了第一章，重庆市教育科学研究院胡彦编写了第二章，延庆区第一职业学校丁晓霞编写了第三章，北京市实美职业学校王卫东编写了第四章，北京市实美职业学校周京红编写了第五章，北京市商务管理学校胡晨光编写了第六章，北京市实美职业学校于春辉编写了第七章，北京市劲松职业高中梁栋编写了第八章，广州市旅游商贸职业学校郝广宏编写了第九章，北京市实美职业学校刘卫红编写了第十章。第二版由耿怡整理。

本书配有教学资源，按照本书最后一页“郑重声明”下方的学习卡使用说明，登录“http://sv.hep.com.cn”或“http://sve.hep.com.cn”，可上网学习，下载资源。

本书在编写过程中因教学需要，选取了部分图片资料，同时还得到了有关专家的指导，在此一并表示衷心的感谢！并诚恳希望广大读者对本书提出宝贵意见。如有反馈意见，请发邮件至zz_dzyj@pub.hep.cn。

本课程课时分配如下：

课时分配表（供参考）

章次	课程内容	课时
第一章	概论	18
第二章	行业卫生和安全知识	27
第三章	毛发生理知识	27
第四章	洗发、按摩与护发	72
第五章	修剪与造型	108
第六章	烫发与造型	117

续表

章次	课程内容	课时
第七章	吹风与造型	72
第八章	漂染技术	54
第九章	盘发与造型	54
第十章	美发造型设计	27
机动		198
合计		774

编者

2010年7月

第一版前言

根据教育部职成司提出的“面向21世纪职业教育课程改革和教材建设规划”的精神，全国中等职业学校在培养目标的确定上、课程设置上和教学基本要求上进行了大幅度的改革，从岗位专业教育向综合能力的职业教育方向转变，以培养高素质的劳动者和中、初级专门人才。

本书的编写本着拓宽知识面，理论浅显易懂，实用性强；注重引进新知识、新技术、新工艺和新方法以适应取得学历教育证书和技能专业证书的要求；适应学生进一步考入高等职业技术院校学习的需求。为了适应与国际接轨，美发师需要较扎实的技能知识和较系统的专业理论，对学生综合素质和艺术修养的要求也比较高。因此在教材编写中突出了动手能力和专业深度。本专业学生毕业时，应具备行业认可的中级美发师操作水平。

本书共10章，主要包括概论，毛发生理知识，工具用品及行业卫生知识，洗发、按摩与修面，修剪，烫发与造型，吹风与造型，漂染技术，盘发造型及美发造型设计等内容。文图混排适合初学的学生及各类短训班学生学习使用。专业理论与基本技能是本书的重点，大量的技能操作练习是切实掌握技能的基础，章后设计有“思考与练习”，以帮助理解理论知识，掌握技能。

本书是全国中等职业学校美容美发与形象设计专业系列教材之一，在高等教育出版社的大力帮助下，北京市东城职业教育中心学校黄源（第一、二、六、七章）、刘文利（第三、四、五章）和北京实用美术职业学校的刘卫红（第八、九、十章）编写了全书，黄源任主编。清华大学美术学院梁丹承担了全书的绘图工作。

本书在编写过程中因教材需要，选取了部分图片资料，在此对原作者表示感谢，同时还得到了有关专家的指导，北京市美发美容行业协会的张有旺老师、刘文华老师审阅了全书，在此一并表示衷心的感谢，并诚恳希望广大读者对本书提出宝贵意见。

编者

2001年11月

目 录

第一章

概论

美发是一门综合性的技艺课程，它不仅是梳理头发的技法，还涉及人的生理、心理、审美等，与物理、化学、几何等自然科学、艺术造型都有着不同程度的关系。这些自然科学与社会科学对于探讨美发的理论、技能、技巧，提高技艺水平，有着重要的意义。

合格的美发师，不仅要掌握熟练的美发技能，还应具备一定的艺术修养，这样才能在发型设计中做到得心应手，不断创新。在设计过程中，还需将自己的思想感情与顾客的思想感情融合在一起，达到艺术为技术服务，艺术体现、融合在作品中的新境界，这样不仅突出了发型的美感，而且还能弥补人们容貌中的某些不足之处。

一个合格的美发师要更多地深入学习与研究中、外美发的技能经验，掌握先进的技术，并结合我国的国情与民族特点，创造出更多更美的发型。

第一节　美发发展简史

一、中国美发历史

原始社会男女都蓄长发，经过了漫长的时间，为了劳作时的方便，人们把束住的头发盘绕在头顶成一个发髻，形成了原始的盘发发式。盘发是一项伟大的创举，我国几千年的发型发展历史便由此开始。其后，头发样式各具特色，披发、束发、断发、辫发，各领风骚。

▲ 发髻

▲ 断发

周朝尚礼，视披发为不守礼，束发梳髻成为此时最为普遍的一种发式，周代的男女都用笄，女人梳髻要用笄，男子戴冠也要用笄。自从高髻流行起，因真发长度和发量有限，必须要借助假发的帮助，便随之产生了一种不可缺少的发饰——假髻。宫廷妇女使用假发制作发髻，以示尊崇周礼。而在当时的南方，还没有受到中原礼教充分浸润的楚国、吴国、越国等地，辫发和断发依然盛行。

▲ 男子束发梳髻

▲ 女子高髻

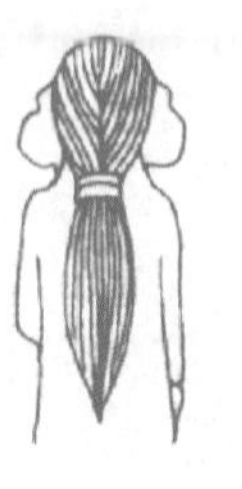

▲ 女子辫发

▲ 黑丝绒制成的假发

秦汉男女梳髻，样式繁多，此时男女的发式是身份、地位的标志。秦男女鬓发大都修剪成直角状，鬓角下部的头发全部剃去，给人以庄重严谨的感觉。女子梳编出仪态万千的各种发髻，如仙髻、黄罗髻、凌云髻、望仙九鬟髻。汉代女子发髻千姿百态，总体分为两种类型：一种是盘于头顶的高髻，一种是梳在颅后的垂髻。汉代最流行的垂髻是椎髻。

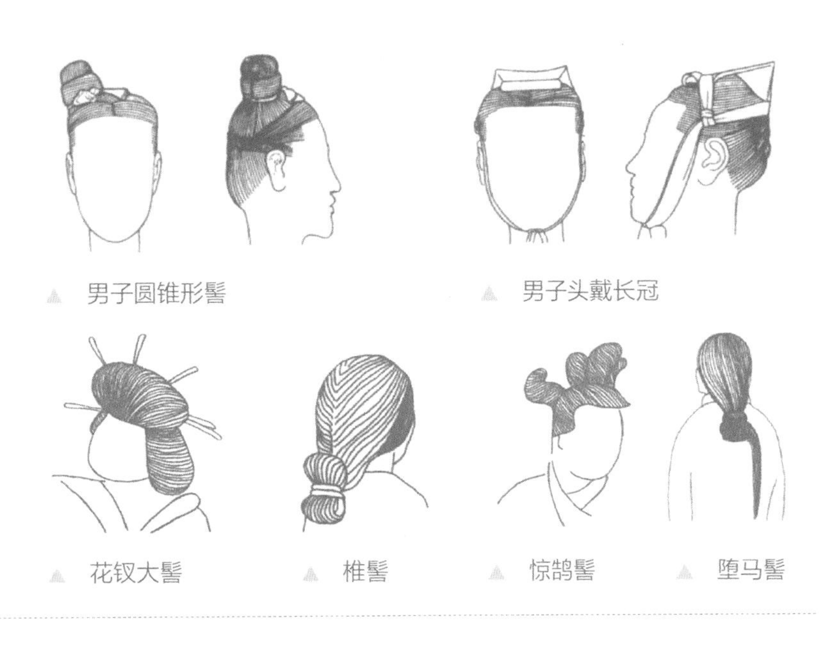

▲ 男子圆锥形髻　▲ 男子头戴长冠

▲ 花钗大髻　▲ 椎髻　▲ 惊鹄髻　▲ 堕马髻

魏晋南北朝时期，汉代女子的垂髻已不再流行，而是喜欢把头发盘成环形，或一环、或数环，高耸于头顶。由于女子都好挽高髻，因此假发使用普遍，成为当时妇女最喜欢的头部盛饰。女子鬓发流行长鬓、阔鬓、薄鬓。男子披发重新流行，也有梳成丫髻发式。

▲ 单环髻

▲ 双环髻

▲ 三环髻

▲ 多环髻

▲ 不聊生髻

▲ 长鬓髻

▲ 薄鬓髻

▲ 披发男子

▲ 丫环髻

隋朝崇尚节俭，发式也比较简单，上平且较阔，女子流行半翻髻、望仙髻、双刀半翻髻等。

▲ 半翻髻

▲ 望仙髻

▲ 双刀半翻髻

唐朝发型更加繁多、华美。唐朝定型的发型就有百余种，达到鼎盛。唐代初期，女子发式简洁，基本没有什么珠翠、发梳等装饰，盛行高髻。盛唐时，梳高髻的人数达到高峰，发型的数量之多、质量之高，可谓空前，有椎髻、开屏髻、圆髻、垂练髻、环髻、垂环髻、螺髻、峨髻、望仙髻、云髻、高云髻、百合髻、单刀髻、半翻髻、飞天髻、三环髻、布包花髻、簪花髻、望仙神髻、丫髻、双丫双环髻等，鬓发抱面，珠翠满头，雍容富丽，盛行假髻。梳理样式繁多的发髻，靠自然生长的头发是不够的，需要续入大量的假发才行。另外，一些高环、高云之类的高发髻还需要在头上放置造型胎具作支撑。隋唐五代时期的男子发式，则仍是束发成髻、外有巾帽。

▲ 三环髻

▲ 布包花髻

▲ 簪花髻

▲ 望仙神髻

▲ 男子巾帽

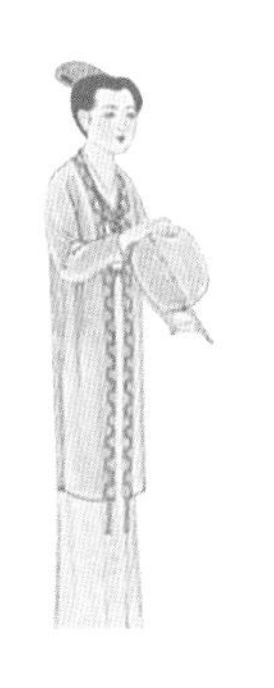

宋朝流行朝天髻、同心髻、流苏髻、高髻、玉兰花髻。宋初，妇女们崇尚高髻，同时流行插角梳。在高髻盛行的时期，曾出现过重楼式的发髻装饰，后来又时兴平髻、侧髻和后髻。宋女子爱戴高冠，插长梳，尤其热衷戴花冠。

朝天髻

同心髻

流苏髻

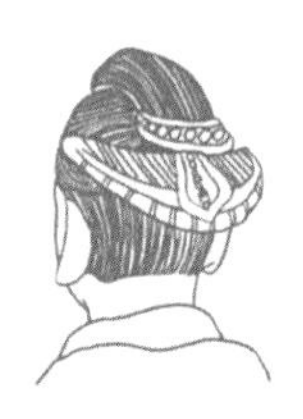

插长梳

重楼子花冠

玉兰花髻

玉兰花苞花冠

一年景花冠

元朝是蒙古族统治的时代，男子留前发及两侧发，余皆剃去，顶发戴帽；妇女多椎髻；少女多梳辫；贵族头顶戴华丽而高耸的姑姑冠。

男子发式

女子发式

明代妇女发式，高度明显降低，髻式由扁圆趋向长圆，有的髻式不施花饰，有的则珠翠满头。

▲ 挑心髻

▲ 牡丹头

▲ 髩边髻

▲ 鹅胆心髻

▲ 头箍

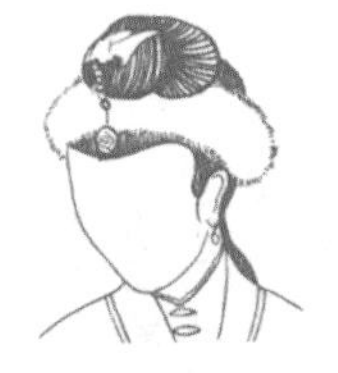

▲ 暖额

清朝初期，清兵占据扬州、嘉定时，强迫百姓剃头留辫，遭到抵制，从而酿成屠杀，史称“扬州十日”“嘉定屠城”。清代男子发式为一条大辫，大体分官派辫与土派辫两大派别。

清朝贵族妇女梳“一字头”或“两把头”。在民间，妇女们一般保留明代发髻式，多是平髻、侧髻、后髻，式样较多。还出现一些比较奇特的发式，如苏州撅、平三套、喜鹊尾这三种发式，都是在颅后加长而上翘的发式。清末民初之际，普通汉族妇女的发式更加趋于简约，大多是在后脑梳一个简单的发髻，有螺髻、元宝髻、连环髻、一字髻等，髻上饰物多为横插一簪，名“压发”。晚清时期，尤其光绪以后，一般年轻妇女都喜欢留一绺头发覆于额际，并修剪加工成各种样式，因其状与民间绘画《刘海戏金蟾》中的刘海发式相似而得名“刘海”。清朝末期，发式有了较大的变革，由单纯的发髻型，发展到披、卷、散、曲、长、短等各种样式。

满族男子发式　满族“一字头”　满族“两把头”

空心髻　后盘髻　满族大拉翅

汉族女子钵盂头　盘髻　双包髻

双丫髻　苏州撅

辛亥革命时期，邹容剪辫成为我国发式革命的先驱事件。特别是五四运动以后，不仅男子的辫子几乎全部被剪掉，由背头、光头、平顶头、圆顶头、分头取而代之，就连持续了数千年之久的妇女发髻也被剪掉了，由长发变为短发，结束了几千年中华民族束发冠髻的民族发式特征，为我国近代发型的产生发展奠定了基础。此时女子理发出现，美发行业开始发展起来。

▲ 背头　▲ 光头　▲ 分头

▲ 单辫　▲ 双辫　▲ 剪发

▲ 学生头　▲ 烫发　▲ “东洋”头

鸦片战争以来，西方理发技术传入我国，其中包括了卷发技艺。最初卷发工艺是“纸媒法”，即用纸搓成条，点燃后用其暗火烧发梢使头发卷曲，以后发展到用火钳夹。1926年以后，电烫发技术传入上海，逐渐发展到先电烫、后盘卷、再梳理造型的现代烫发操作技术。

中华人民共和国成立后，各种美发机械、电气工具和化学药剂不断问世，理发工具的品种和设备不断增加完善，我国美发技艺水平进入一个崭新的阶段，发型也不断创新。

20世纪50—60年代

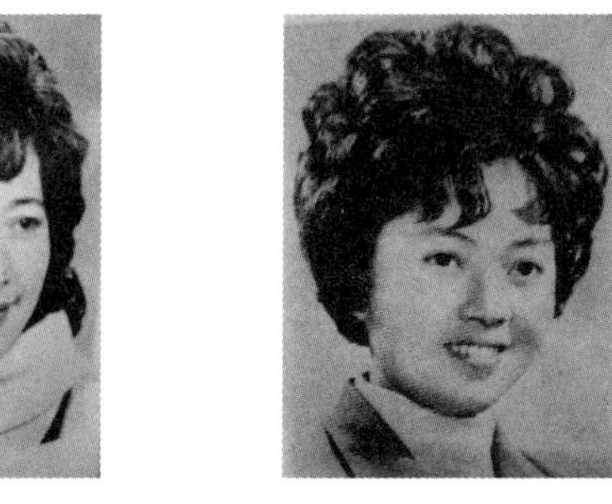

20世纪70—80年代

20世纪90年代

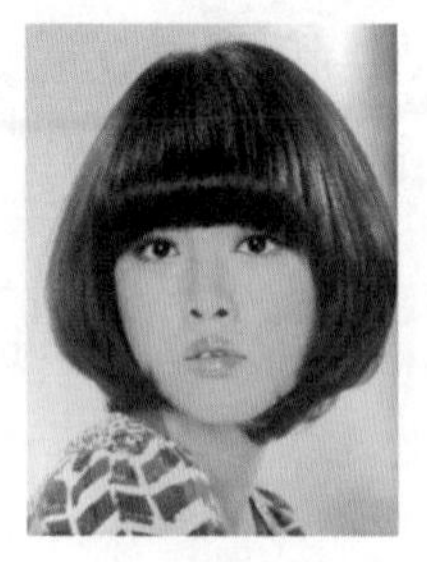

▲ 进入21世纪

二、外国美发简史

外国各民族的发型演变也是随着生产力的发展和人们对美的追求而逐渐发展起来的。

公元前4世纪，古埃及人是留短发的，进入王国时代，无论男女都时兴戴假发。戴假发一方面是为了防晒，另一方面也与古埃及人的清洁习俗有关。男子有戴假胡须的习惯，假胡须长约10 cm，有时还编成辫子状，尾梢卷起来，一般用细绳挂在耳朵上，表示权力的象征。

古希腊男女都非常注重发型，女性很少出入公共场所，没有戴帽子的习惯。贵族妇女经常洗发、烫发、染发，将头发扎成各种各样的发髻，用缎带、串珠、花环等把发型装饰得十分华丽。

公元前2世纪，罗马出现了理发店，上流阶层拥有专职的美容奴隶。男子发型主要是烫成卷曲的短发；女子发型也颇讲究，流行把发辫盘在头上或梳理成各式各样的发型。

公元5—15世纪的日耳曼人以蓄长发为荣，男子发型长齐肩头，女子把长发编成辫子，垂在身后，也有人戴着用羊毛制成的假发，并且喜欢把头发或假发染成红色。对于日耳曼人来说，长发是自由的象征，短发则意味着屈从。

18世纪60年代后期，女子发型发生了戏剧性的变化，出现了系发史上前所未有的高发髻，其发髻之高，极端时可达100 cm左右，致使身体上额部处于全身高度的1/2。这种高发髻是用马毛做垫子或用金属丝作撑子，然后再覆盖上自己的头发，如果发量不够，可加些假发，再用加淀粉的润发油和发粉固定。在这高高耸起的发髻上还要做出许多特别的装饰物，如山水盆景、森林、马车、牧羊人、牛羊等田园风光，或是扬帆行驶的三桅战舰等动感装饰物。

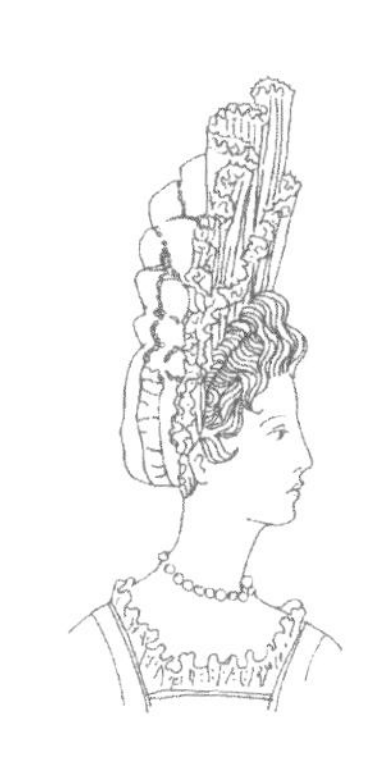

19世纪初，男子发型为卷发，盖过耳朵，长至衣领，常以6∶4或7∶3的比例在头顶偏分。

女子发型继承前代发型式样，其后不久两侧的垂发卷消失，脑后的发髻用丝绸包起来。由于衣服造型变得朴素、简练，发型和帽饰显得格外重要，大型发髻消失，发型变小，预示着现代短发时代的到来。

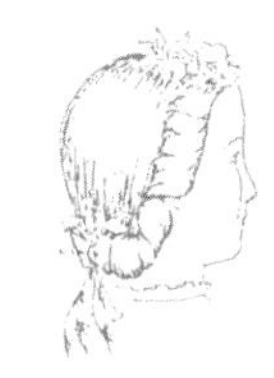

第二节　美发发展趋势

纵观国内外发型的发展趋势，发式由长到短，由短变长；发丝形态由直变曲，曲发复又变直；发式造型由简到繁，由繁到简，循环往复，流行周期缩短，但每次的重复已不再是简单的重复，而是在更高基础上的再创造。近年来，我国与国际的发型交流活动频繁，加强了国际间的技术合作，加快了美发新技艺的传播，各种新技术、新器械不断被采用，各种表演、比赛推动着美发行业整体水平的显著提升。新潮、仿古、返璞归真的发型交替盛行，突出个性的发型越来越受到青睐，发型变化多种多样。在发型的构成上，由原来的点、线、面（形）、轮廓的构成，发展到讲究发色的构成，丰富了发型整体美的内容。

我国的美发业已由单一的理发变为涉及美发、护发的产业。美发不再仅仅是追求外表美，而是向着生物工程、细胞工程、护发、养发、内外标本兼治、内在美和外在美相融合的方向发展。美发行业将随着国家经济的发展、人们生活水平和消费水平的不断提高，获得更加广阔的发展空间。美发经营将更加规范化、特色化，服务也更加多元化。美发行业对于从业人员自身综合素质的要求也在逐步提高。

第三节　美发师的国家职业标准

一、美发师职业概述

根据《中华人民共和国职业分类大典》，美发行业认定的职业名称为美发师，并制定有明确的美发师职业资格标准。

美发师是根据顾客的头形、脸形、发质和要求，为其设计、修剪、制作发型的人员。

二、美发师职业等级

职业大典分类中美发师职业共设五个等级，分别为：初级（国家职业资格五级）、中级（国家职业资格四级）、高级（国家职业资格三级）、技师（国家职业资格二级）、高级技师（国家职业资格一级）。

美发师国家职业标准中规定“取得经劳动和社会保障行政部门审核认定的，以中级技能为培养目标的中等以上职业学校本专业毕业学生可考取中级（国家职业资格四级）职业资格证书”。

相关链接

职业资格证书制度

职业资格证书制度是劳动就业制度的一项重要内容，也是一种特殊形式的国家考试制度。它是指按照国家制定的职业技能标准或任职资格条件，通过政府认定的考核鉴定机构，对劳动者的技能水平或职业资格进行客观公正、科学规范的评价和鉴定，对合格者授予相应的国家职业资格证书。

职业资格证书是表明劳动者具有从事某一职业所必备的学识和技能的证明。它是劳动者求职、任职、开业的资格凭证，是用人单位招聘、录用劳动者的主要依据，也是境外就业、对外劳务合作人员办理技能水平公证的有效证件。

三、美发师中级（国家职业资格四级）职业资格标准简介

（一）职业道德要求

1. 遵纪守法，忠于职守，敬业爱岗。
2. 工作认真负责，自觉履行职责。
3. 文明礼貌，热情待客，全心全意为消费者服务。
4. 努力学习，刻苦钻研，精益求精。
5. 遵守操作规程，爱护仪器设备。

（二）基础知识要求

1. 美发发展简史
2. 服务业务技术管理知识

（1）美发服务接待的程序和方法。

（2）美发岗位责任、服务规范要求及各项规章制度、服务质量标准和技术管理制度。

（3）公共关系基本知识。

3．美发行业卫生知识

（1）店容店貌，室内外卫生环境知识及室内绿（美）化要求。

（2）仪表端庄，着装规范，个人卫生符合要求。要经常洗换衣服，保持工作服整洁干净；要勤洗头、勤洗澡，保持头发和肌肤清洁；不留长指甲，避免细菌滋生；要坚持勤洗手，使手部保持清洁；在为顾客做面部护理时要戴口罩，避免通过呼吸道传染疾病；要注重营养，合理安排饮食，保持营养结构均衡；操作前不吃葱、蒜等异味食物，保持口腔清洁；注意休息，适当运动，增强防病抗病能力；定期进行体检，持健康证明方可上岗。

（3）美发工具、用品消毒知识。

4．人体基础知识

（1）人体解剖生理知识。

（2）毛发解剖生理知识。

（3）头发生理与常见病理现象。

（4）头发日常保养与护理。

5．脸形、头形及体型知识

（1）脸形的分类及特征。

（2）头形及体型的分类和特征。

（3）发型知识（发式分类、发式基本结构、发型构成要素）。

6．按摩相关知识

（1）按摩对人体的一般保健作用。

（2）按摩用具的使用方法。

（3）人体主要按摩部位名称及体表标志。

（4）人体主要穴位的名称、位置和保健作用。

7．美发用品及电器设备知识

（1）美发用品的种类、性能和用途。

（2）美发仪器设备知识。

（3）美发工具及仪器维护保养基本知识。

8．化学用品知识

（1）洗发液、护发液、固发剂、焗油膏等用品的主要种类及其作用。

（2）烫发剂、漂发剂、染发剂的性质和作用。

（3）鉴别美发化学用品质量的常识。

9．色彩知识

（1）色彩构成的原理。

（2）色彩的功能。

（3）调配色彩的一般规律。

（4）色调的选择。

10．美发素描基本知识

（1）素描基本要领。

（2）素描线条的种类及应用。

（3）素暗的表现手法。

（4）明暗调子的基本规律。

（5）静物、写生和人物绘画知识。

11．发型美学的基本概念

（三）中级职业标准技能要求

美发师中级职业标准技能要求见表1-1。

表1-1　美发师中级职业标准技能要求

职业功能	工作内容	技能要求	相关知识
一、服务接待与解答咨询	（一）服务接待	1. 能够按服务程序和规范，主动、热情、耐心、周到、有礼貌地接待顾客 2. 能够向顾客介绍、推荐本店美发师 3. 能够为顾客介绍常用洗、护、烫、染、漂、焗、固发等化学用品的主要品牌、性能、效果，并能鉴别美发用品的质量 4. 根据不同脸形、头形、体型、年龄因素与各种发型的配合关系，能够帮助顾客选择满意的发型	1. 语言艺术知识 2. 公共关系基本知识 3. 常用美发用品质量鉴别 4. 烫发、漂发、染发与发质、发型的关系 5. 常用护发方法 6. 发型与主体的配合
	（二）解答咨询	能够根据毛发的主要种类、发质特点，为顾客解答烫发、漂发、染发技术咨询和一般护发方法咨询	

续表

职业功能	工作内容	技能要求	相关知识
二、洗发	(一)坐洗发或仰洗发	1. 能够鉴别健康头发和受损头发，选择相应洗发液和护发用品，并能根据烫、漂、染发后头发损伤程度，采取护发、养发措施 2. 洗发时，不同手法交叉使用，手指灵活，舒适止痒	1. 辨别发质的基本方法 2. 根据不同头发选用相应洗发液的方法 3. 头发护理 4. 洗发止痒方法
	(二)头部、肩部按摩	能进行10～20分钟头部、肩部按摩，取穴准确，手法适当	头部、肩部穴位及按摩技巧
三、发型制作	(一)修剪	1. 能够熟练使用并简单维护、保养修剪工具 2. 能够修剪男女曲发、直发发式，内、外层次发式，三茬发式等，发式的轮廓线、色调和层次均匀	1. 不同发式修剪的程序及技法 2. 一般发型设计的基本常识
	(二)烫发	1. 根据发型式样要求，选择不同卷杠 2. 根据顾客发质，推荐烫发液 3. 卷法操作熟练，动作规范，姿势正确，发片宽度不超过卷杠长度，厚度不超过卷杠直径，发梢卷进，不扭斜 4. 卷杠粗细搭配合理，松紧适宜，结构紧凑，排列整齐，发丝清晰，光亮平整 5. 能根据试拆卷判断卷发效果，对未达要求的，能采取补救措施 6. 冲洗彻底，施放中和剂，停放时间控制合理 7. 能进行烫发后护发	1. 各种烫发药水的性能 2. 发质与药水的关系 3. 烫发中经常出现的问题及解决办法 4. 烫后护理
	(三)吹风造型	能够进行中、长、短发式造型，梳刷与吹风机配合协调，发丝通顺，线条流畅，纹理清晰，发型自然美观，符合时代潮流	1. 吹风机工作原理和操作技巧 2. 固发用品性质和使用特点 3. 梳理造型工具的性能与使用技巧
	(四)盘(束)发造型	能进行束、盘、编、梳等盘(束)发造型	束、盘、编发的技巧及饰品搭配技巧
四、剃须修面	(一)剃须修面方法	1. 能运用多种刀法，进行修面、剃须 2. 正确运用剃刀，把握好与皮肤接触的角度，修剃时不伤皮肤，不出血，不翻茬 3. 手腕轻巧灵活，落刀轻，运刀稳，并能运用张、拉、捏等绷紧皮肤的方法	1. 多种刀法的运用技巧 2. 络腮胡的剃修方法
	(二)磨剃刀	会磨剃刀	剃刀保养的基本方法

续表

职业功能	工作内容	技能要求	相关知识
五、漂、染发与焗油	（一）染发	1. 根据顾客发质和要求，正确选择染发剂，进行自然黑染发、基本色彩染发 2. 正确选用染膏与双氧乳比例，调配染发剂 3. 染发后发色无明显色差，色正亮丽 4. 染发后头皮不留明显染痕 5. 根据顾客发质注意观察漂发褪色的程度	1. 识别自然色系的知识 2. 染膏基本化学知识和物理知识 3. 染发剂的种类 4. 色彩染发的基本方法 5. 染发后头发的护理方法 6. 漂发的基本方法
	（二）焗油	维护保养焗油机	1. 头发性质与焗油的关系 2. 焗油机的构造与维护保养方法

第四节　美发师的形象与语言规范

一、美发师的形象

作为美发师谈吐要文雅，举止要端庄。待人接物要做到彬彬有礼、落落大方。

（一）美发师的站姿

1．头正，双目平视，嘴唇微闭，下颌微收，面容平和自然。

2．双肩放松，稍向下沉，人体有向上的感觉。

3．躯干挺直，做到挺胸、收腹、立腰。

4．双臂自然下垂，双腿立直，身体重心放在两足中间位置上。

（二）美发师的坐姿

1．入座时要轻而稳。女子入座时，若着裙装，应用手将裙摆稍稍拢一下，不要坐下后再站起来整理衣服。

2．双肩平正放松，两臂自然弯曲放在腿上。

3．坐在椅子上要立腰，上体自然挺直。女士双膝自然并拢，双腿正放或侧放。男士双膝可略分开。离座时，要自然稳当。谈话时身体可侧偏，上体与腿同时转向一侧。

4．忌入座后腿不停抖动。

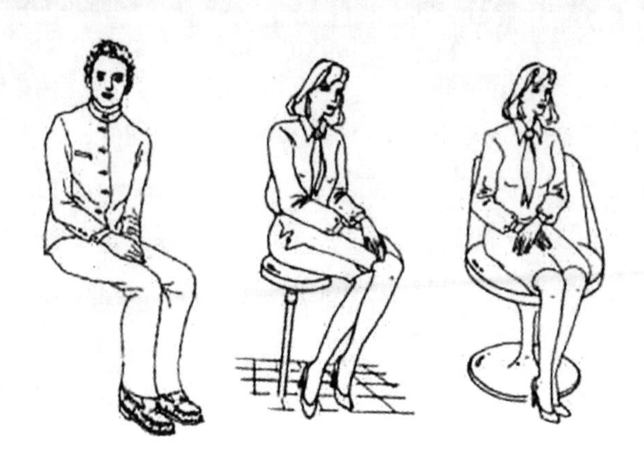

（三）美发师的走姿

1．双目向前平视，微收下颌，面容平和自然。

2．双肩平稳，双臂前后自然摆动，双肩不要过于僵硬。

3．上身挺直，头正、挺胸、收腹、立腰，重心稍前移。

4．步幅不可过大，步伐要轻、稳、灵活。

5．忌摇头晃肩或歪脖、斜肩，忌上下颤动。

（四）美发师的蹲姿

1．女士下蹲不要翘臀。

2．上身直，略低头，双腿靠紧，曲膝下蹲。

3．起身时应保持原样，特别穿短裙下蹲时更应注意。

二、美发师的语言规范

（一）语音、语调

语音应该清晰，音量适中。语调要柔和，悦耳。在语调中应表达出亲切、热情、真挚、友善及善于谅解的感情。与顾客交谈要主动打开话题，始终保持愉快的语调。不在顾客面前谈自己的私事和别人的隐私。更不要背后论人长短。语言应简短、明确，不说粗话、脏话。

（二）语言的内容美

语言是表达思想感情的工具，要使语言的内容美，就要有美的思想和道德情操。其次，还要提高文化修养和文明程度。美发师平时应多阅读鉴赏，日积月累，就能使自己的语言变得更美。

想一想

1. 美发师的职业道德
2. 美发职业道德的主要行为规范
3. 美发师仪表的具体要求
4. 美发师语言规范
5. 正确的站姿要求
6. 正确的坐姿要求
7. 正确的走姿要求
8. 美发常用礼貌用语
9. 简述唐朝发型特点
10. 简述中国美发发展史

练一练

下面哪个姿势正确（正确打√，错误打 ×）。

（　）　　（　）　　（　）

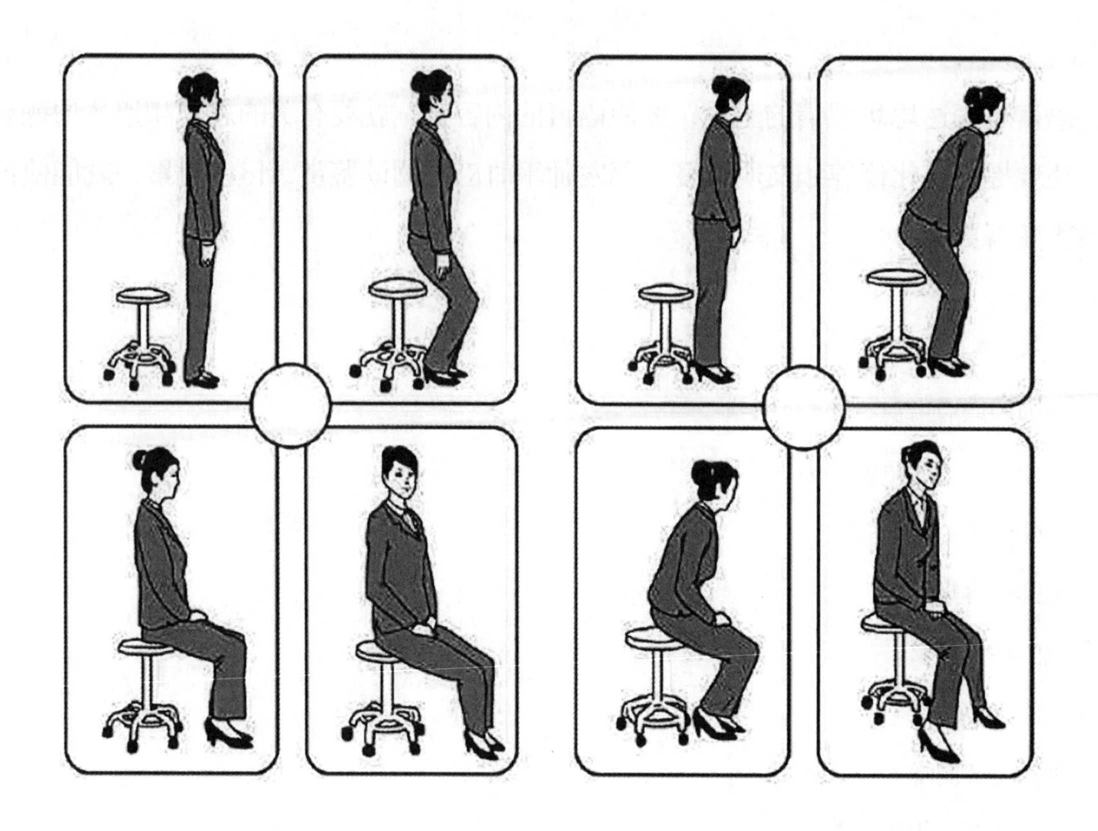

第二章

美发行业卫生和安全知识

行业卫生和安全是行业发展的重要条件，具备良好的卫生环境及安全的设备，才能更完善的体现专业技术水平，营造专业规范的操作环境。

第一节　美发行业卫生知识

美发行业技术操作的安全卫生是其服务质量的重要保障。美发厅人员来往频繁，流动性大，如果卫生、消毒不及时，安全措施不到位，就会导致各种疾病的传播，给顾客的身体安全带来危害。

一、美发厅的环境卫生

美发厅是为顾客塑造美的场所，也是顾客休息、放松心情的地方。所以美发厅门前和厅内的环境非常重要，装潢时尚高雅的美发厅会给顾客赏心悦目的感觉，是顾客美化自己、调养身心的最佳场所。美发厅厅堂卫生也很重要，卫生条件不佳，就会使顾客望而却步；处理好美发厅的卫生可以树立良好的店面形象，对顾客健康负责，同时也为美发师提供良好的工作环境，提高工作效率，如图2-1所示。

▲ 图2-1　美发厅的环境

（一）选址

美发厅宜选择在环境洁净、具备给排水条件和电力供应的区域，场所周围25 m范围内应无粉尘、有害气体、放射性物质和其他扩散性污染源。

（二）地面墙面

美发厅地面、墙面、天花板应当使用无毒、无异味、防水、不易积垢的材料铺设，并且平整、无裂缝、易于清扫。

（三）功能分区

美发烫发、染发操作时药水气味浓，污染大，美发厅内应当专门设有烫、染工作间（区），并配有机械通风设施。应当设置公共用品用具消毒设施和设备。

（四）更衣柜

美发厅应设置本店员工更衣间或更衣柜，并根据需要设置顾客更衣间或更衣柜。

（五）给排水设施

美发厅应有完备的给排水设施，设置流水式洗发设施，且洗发设施和座椅之比不少于1∶5。

（六）通风照明

美发厅应设置良好的通风设备，保证美发厅空气流动，通风透气。尽量利用自然采光或配置良好的照明设施，确保工作面照明亮度。染发区域应配置自然采光射灯以确保颜色的辨别度。

二、美发工具、用品的消毒

美发厅应有严格的消毒制度和消毒设备，并配有足够数量的美发工具，使用的工具、毛巾必须做到一客一换一消毒，并且要对不同的用具采用不同的消毒方法。常用的消毒方法有：

（一）酒精消毒

适用于剪刀、剃刀等美发工具和仪器设备的消毒。具体操作为先将美发工具清理干净，再用浓度为75%的酒精反复擦拭。

（二）化学药物消毒

适用于发梳、发杠等美发工具以及毛巾、围布等纺织品的消毒。具体操作为将化学药剂按一定比例稀释，再把清洗干净后的美发工具或纺织品在溶液中浸泡15分钟，取出晒干。

（三）消毒柜烘烤消毒

适用于美发工具、纺织品的消毒。具体操作为将美发工具或毛巾等纺织品洗净晾干后放入消毒柜（箱）内进行消毒。

（四）日光暴晒消毒

将毛巾、工作服、窗帘等物品洗净后，在阳光充足的户外晒干，利用阳光中的紫外线照射进行消毒。

（五）煮沸或蒸气消毒

具体操作方法为将毛巾等用品洗净后，放在沸水或蒸汽锅中15分钟，取出晒干。这种方法由于费时费力，目前应用不多。

第二节　美发行业安全知识

美发厅内电源线路、仪器设备较多，用电需求量大，存在一定的火灾隐患。因此，美发工作人员都应强化安全意识，严格遵守用电规则，规范操作，以免引起火灾或其他由于使用不当而引起的意外事件。

一、美发厅用电安全

（1）定期检查美发电器设备的电源线路，如有破损应立即停止使用。日常操作时不要用手直接拽住导线拔插头。

（2）美发电器设备在使用完毕后要及时关闭电源开关，以免长时间通电运转造成机器损坏。

（3）在维修美发电器设备及配电设施时，应切断总电源或电器电源，避免触电。

（4）不能用铜丝、铁丝代替保险丝，以防持续强大的电流烧坏电器，甚至引发火灾。

（5）不要用湿手触摸电线、电源开关及电源插座，以免因水的导电性而引发触电危险。

二、美发厅防火安全

（1）要正确使用各种电器设备，以免因操作不当而引发事故。

（2）及时清理美发厅内的易燃物品，如头发、纸屑，以免引燃易燃物品。

（3）发胶、摩丝等美发产品应远离热源，以免发生爆炸。

（4）美发厅必须配备灭火设施，如遇火灾险情，可用灭火器灭火。使用灭火器时，将其拿起，拉下手柄下的铁环，使喷头对准火源，再用手用力按压手柄，直至将火完全熄灭，如图2-2所示。

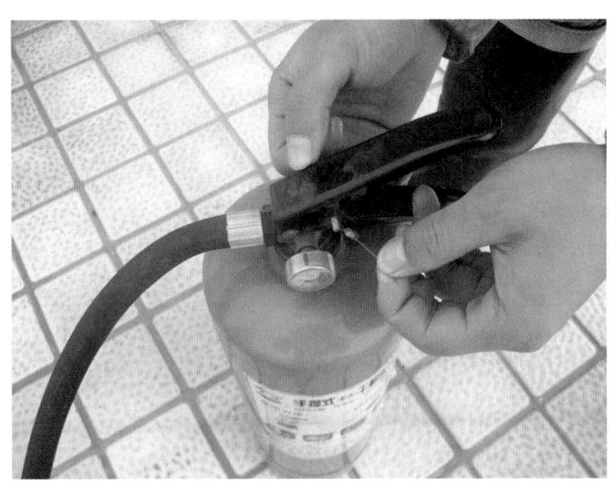

a

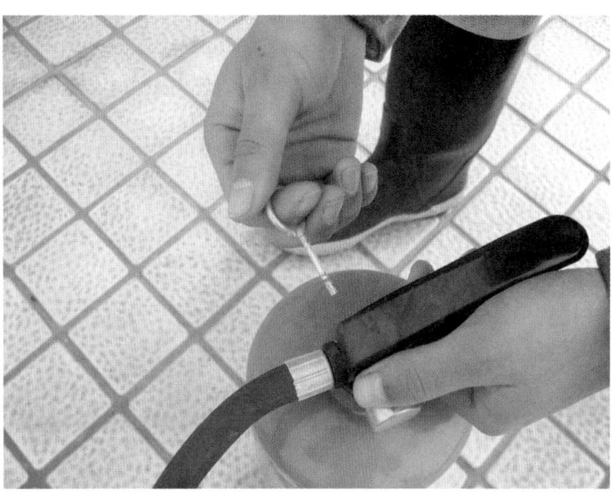

b

图2-2 灭火器的使用

三、操作过程安全

（1）洗发操作前注意询问顾客头部有无损伤、疤痕，洗发时注意不要碰到。

（2）美发操作工具中剪刀、剃刀（图2-3）等都非常锋利，操作时特别要小心不要伤到自己，更不能伤到顾客。

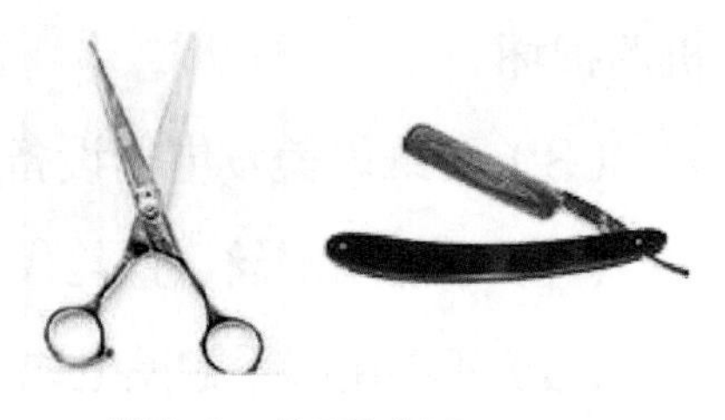

▲ 图2-3　剪刀和剃刀

（3）烫发、染发药水都是化学溶液，操作时尽量不要滴落在顾客的衣物上，切忌滴落在顾客皮肤上。严格掌握烫、染药水的用量和时间，避免对顾客发质造成损伤。

（4）吹风时注意把握吹风机的角度和同一部位吹风的时间，以免吹风口温度过高，损伤顾客发质。

（5）使用固发用品时，如在喷洒发胶、摩丝时注意护住顾客的面部，切忌将发胶等喷洒在顾客的脸上、眼睛里。

例：某美发店使用染发药水过多，美女成“秃子”。

某日，胡女士看见一美发店贴有“迎三·八大优惠，洗+染+护理只需38元”的活动广告，她便欣喜地到店里去染发。待美发师一番忙活后，胡女士感觉头皮有些不适，“感觉头顶很痒”“还有一股烧焦的气味”，她向店主反映了情况，店主说她头发有点硬，洗两次就好了。两天后，胡女士梳头时头发掉了一大把，对着镜子一看，头顶秃了一块。经医生检查，诊断为头皮过敏导致严重脱发。后经当地消协调查，美发师承认当时使用药水过多，未及时处理，致使胡女士头皮受损。经协调，美发店一次性赔偿胡女士2 000元。

第三节　美发厅的经营

一、美发厅的经营服务范围

美发厅经营服务项目有洗发、头部按摩、修剪、吹风、烫发、漂染、做花、编梳、盘发、头发护理等。顾客根据需要可选做其中一项，也可同时选做几项。

二、美发厅的岗位设置及岗位职责

（一）美发厅岗位设置

美发工作有明确的分工，只有各负其责，通力合作，才能共同做好美发厅的服务工作。管理比较规范的美发厅一般没有店长、前厅主管、技术总监、美发师、美发助理、收银员、接待人员、后勤人员这些岗位。美发厅应根据自己的经营项目和未来发展情况来配备工作人员，设置岗位。在保证美发厅营业能够正常进行的情况下，应尽量精简人员，有效地控制人力成本。

（二）美发厅各岗位的岗位职责

1．店长

负责美发厅的全面经营管理工作。

（1）主持美发厅的全面管理工作。

（2）制订美发厅发展规划，以及各项管理规章制度。

（3）确定美发厅经营范围，制定工作目标，布置工作任务。

（4）督促检查各项工作开展，激励全体员工共同完成目标。

（5）负责对外联系，根据市场需要制订宣传计划，调整销售策略。

（6）负责美发厅人事和财务管理，负责员工的招聘和辞退。

（7）分析销售数据，制定线上营销策略。

2．前厅主管

负责落实店长交办的任务，对美发厅进行日常管理。

（1）负责落实店长布置的工作，协助店长完成工作目标和任务。

（2）负责美发厅的日常管理，保证各项经营业务正常开展。

（3）督促检查员工工作情况，对员工任务完成情况进行考核。

（4）负责对员工进行教育，组织员工开展业务培训，提高服务质量。

（5）负责卫生清洁、水电安全的管理；负责材料、物品的申报、领用和补充。

（6）负责顾客售前、售中、售后的服务工作。

（7）能在第一时间，妥善处理顾客的投诉。

3．技术总监

负责监督和指导美发师为顾客提供专业技术服务，对本美发厅的美发服务质量负责。

（1）协助店长和主管做好美发厅的技术和服务工作。

（2）及时了解美发服务中存在的技术问题，并提出解决办法。

（3）负责对本店美发师和美发助理进行技术管理和技术指导。

（4）负责规范和检查美发师、美发助理的工作流程。

（5）负责制订美发厅业务培训方案，保证本店技术的逐步提高。

（6）负责研发新技术，并制订培训及推广方案。

4．美发师

负责为顾客提供专业的美发技术服务。

（1）根据接待人员安排或排班顺序为顾客进行美发服务。

（2）根据顾客要求，严格按照操作规范进行美发技术操作。

（3）安排指导并检查美发助理的工作，确保工作质量。

（4）加强与顾客的沟通和交流，融洽与顾客的感情，稳定客源。

（5）服务结束后，引领顾客到收银台，填好账单，请顾客确认并结账。

5．美发助理

为顾客提供洗头、按摩等项目的服务，并协助美发师完成染发、烫发服务。

（1）按照美发师指示的工作内容，按操作规范进行工作。

（2）操作过程中要主动询问顾客意见，确保顾客对操作服务满意。

（3）相关工作完成后，引导顾客回到原位，由美发师继续为顾客服务。

（4）在美发师操作过程中，注意观察，做好递送美发用品等辅助工作。

（5）加强业务学习，不断提高洗发、烫染等美发技术水平。

6．收银员

负责收款，办理美发服务卡的工作人员。也可由美发厅接待人员或主管兼职。

（1）负责向顾客介绍服务项目、收费标准。

（2）根据美发师填写的经顾客确认的账单收款。

（3）协助管理好顾客的衣服、物品。

（4）填写当日营业报表。

（5）按财务管理要求上缴营业收入。

7．接待人员

美发厅内负责接待、引领顾客，为顾客介绍美发服务项目和美发师的人员。

（1）负责在美发厅门口引领顾客进店。

（2）负责带位。将客人引进美发厅，安排入座，与顾客沟通需求情况。

（3）为顾客呈送茶水、报纸、杂志等，并保管好顾客衣物。

（4）根据顾客服务需要，按当日排班顺序介绍美发师。

8．其他人员

美发厅内负责卫生消毒工作的清洁员及负责仪器、水电检修等的工作人员等。

（三）美发厅各岗位的语言规范

（1）语音应清晰，音量适中。语调要柔和，悦耳。在语调中应表达出亲切、热情、真挚、友善及善于谅解的情感。与顾客交谈要主动打开话题，始终保持愉快的语调。不在顾客面前谈自己的私事和别人的隐私。更不要论人长短。语言应简洁、明确，不说粗话、脏话。

（2）语言是表达思想感情的工具，要使语言的内容美，就要有美的思想和道德情操。其次，还要提高文化修养。美发师平时应多阅读，多鉴赏美术作品，日积月累，就能使自己的语言变得更美。

想一想

1. 为什么说美发行业的服务性质决定了卫生和安全工作的重要性？
2. 美发工作人员应格外注重个人卫生的哪些方面？
3. 美发厅常规开设的经营服务项目有哪些？
4. 大、中型美发厅人员岗位是怎样设置的？各自的岗位职责有哪些？
5. 在给顾客进行美发技术服务操作的过程中应该注意哪些操作安全？

练一练

1. 到附近美发厅走访，了解美发厅常规开设的经营服务项目有哪些？
2. 你了解职业资格证书制度吗？你为今后的就职做好准备了吗？请调查你校本专业毕业生职业资格证书考取情况。

第三章

毛发解剖生理知识

一名合格的美发师，除了掌握必要的美发技能外，还需要掌握一定的人体解剖生理知识，如颅骨的组成，皮肤、肌肉及毛发的解剖生理。只有掌握这些知识，才能根据不同顾客的不同特点，有针对性地为顾客提供优质的服务。

第一节　皮肤的解剖知识

皮肤覆盖在人体表面，是人体最大的器官。成人皮肤面积为1.2 ~ 2 m^2，为人体重的15%左右，其厚度为0.5 ~ 4 mm。身体各部位的皮肤厚度不完全相同，眼睑处皮肤最薄，比较娇嫩，手掌、足底处皮肤最厚。皮肤对人体起着重要的保护作用。

皮肤表面层分化后形成隆起，称为皮纹。人体皮肤触觉感受力极强，尤其是手指、掌面最为敏感。在美发过程中为了减少对皮肤的刺激，加强对皮肤的保护，美发师应了解和掌握一些相关的皮肤生理知识。

皮肤由外向内可分为三层：表皮、真皮、皮下组织。在皮肤中还含有一些附属器官。

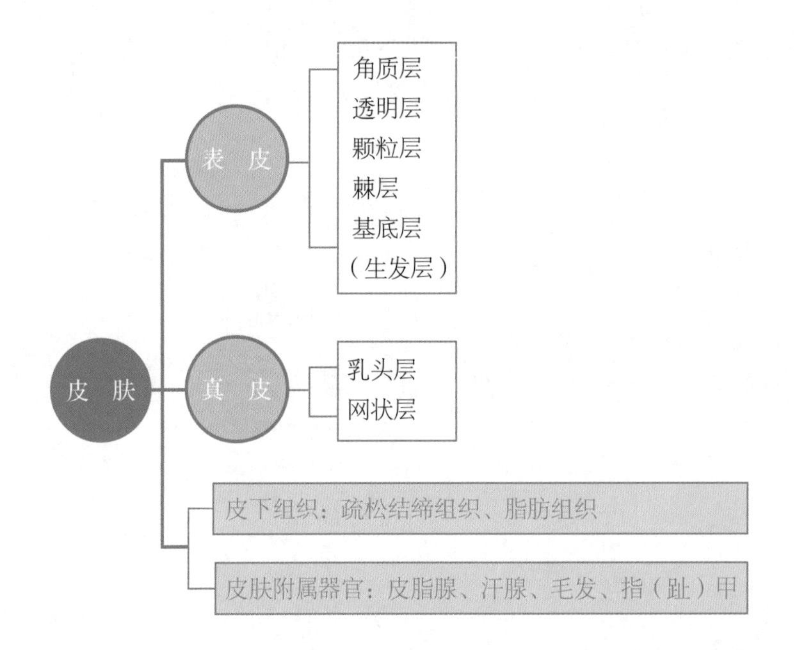

一、皮肤的结构

皮肤的结构如图3-1。

（一）表皮

表皮位于皮肤的外层，属上皮组织，由数层表皮细胞组成。其深层的细胞有分裂能力，它能不断地脱落与新生，同时具有耐摩擦的特性。人体各部位的表皮厚薄不等，一

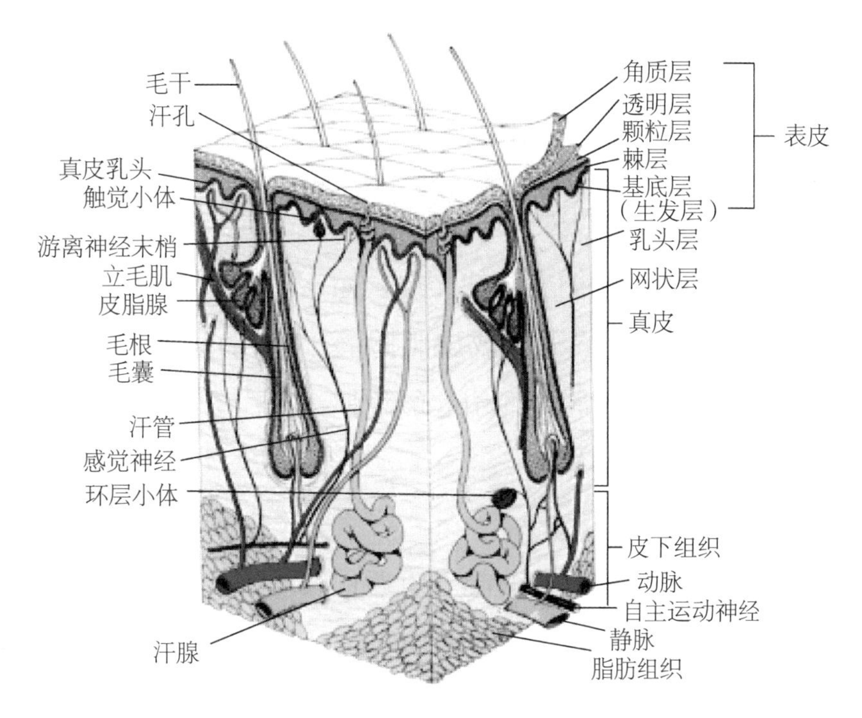

图3-1 皮肤的结构

般厚度为0.07 ~ 0.12 mm，手掌和足底的表皮较厚。

表皮的深层细胞含有黑色素，若经常在户外进行体育锻炼和活动，黑色素增多，皮肤的颜色就会变黑。黑色素可以防止强烈的紫外线透入，对人体内部组织有保护作用。

（二）真皮

真皮位于表皮下层，向下与皮下组织相连，其主要由胶原纤维、弹性纤维和网状纤维组成，使皮肤具有弹性。真皮中分布有血管、神经、皮脂腺、汗腺和毛囊。

（三）皮下组织

皮下组织由粗大的纤维组织网和脂肪组织构成，皮下组织内有通行皮神经、皮静脉和淋巴管，具有保温和缓冲压力的作用。

（四）皮肤的颜色

皮肤的颜色由遗传因素决定，主要取决于表皮内黑色素的多少。一些生理和病理情况，也会对皮肤的颜色有一定影响，如运动、兴奋时皮肤发红，贫血时皮肤苍白。

（五）皮肤的附属结构

皮肤的附属结构如图3-2。

1．皮脂腺

人体除手掌心和足底皮肤以外，均有皮脂腺。皮脂腺分泌皮脂，有润滑和保护皮肤的作用，如果皮脂腺导管阻塞，皮脂滞留则形成皮脂腺囊（粉瘤）。毛囊和皮脂腺受细菌感染而引起的急性炎症叫“疖”。

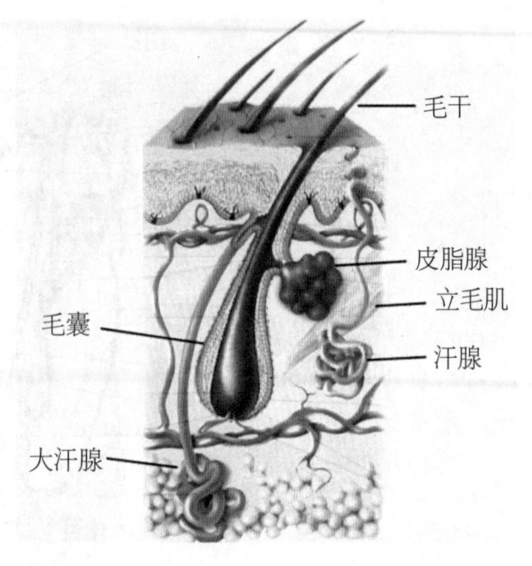

▲ 图3-2 皮肤的附属结构

2．汗腺

汗腺分泌汗液。在调解体温方面起着重要作用。人体受热时，皮肤血管扩张，汗腺分泌增多，能大量散热；遇冷时，皮肤血管收缩，汗腺分泌减少，可减少水分的散发。随着汗液的分泌，还会排出盐及尿素。过量出汗，会引起体内无机盐的减少。少数人腋窝等处的汗腺过于发达，散发特殊气味，俗称“狐臭”。

3．毛发

人体除手掌及足底外，大都覆有毛发。

4．指（趾）甲

指（趾）甲覆盖在指（趾）末端，是半透明、弯曲的角质板，它的根部有生发层，增生力强，是真皮的衍生物。暴露在皮肤外面的称甲板，皮肤下为甲床，内含大量的血管、神经。指（趾）甲有保护指（趾）末端的作用。

二、皮肤的功能

皮肤的重要功能是保护肌体、感受刺激、调节体温、分泌和排泄废物等。

（一）保护肌体

皮肤具有四种对人体的基本保护功能。

1．防御机械性刺激

皮肤内含有大量的胶原纤维、弹力纤维以及大量的脂肪细胞，使皮肤具有一定的抗拉性、弹性及“软垫”作用，可缓冲外力的撞击，保护内部组织器官。

2．防御物理性刺激

表皮的角质层形成物理屏障，能耐受一定的摩擦。

3．防御化学性刺激

角质层中的角质蛋白，对弱酸、弱碱的腐蚀有一定的抵抗力。汗液在一定程度下可冲淡化学物的酸碱度，保护皮肤。

4．防御生物性刺激

皮肤覆盖于体表，细胞间质密，表面的皮脂膜呈弱酸性，能阻止皮肤表面的各种细菌侵入，并有抑菌、杀菌作用。总之，皮肤的保护作用表现在两个方面：一方面是防止外界的各种侵害，另一方面是防止体内物质（水分、有机物、无机物）的过度流失。

（二）感受刺激

皮肤内含有丰富的感觉神经末梢，能感受外界的各种刺激，产生不同的感觉。皮肤的四种基本感觉是：触觉、痛觉、冷觉和热觉。当皮肤接受这四种刺激后，转变为神经冲动，传导到神经中枢而产生各种感觉。

（三）调节体温

人的正常体温为36 ~ 37℃。皮肤是调节体温的重要器官之一。其调节方式有两种：

1．通过血管调节体温

当体外气温较低时，皮肤毛细血管网部分关闭，部分血流由动脉不经体表，而直接进入静脉中，使体表血流量减少，从而减少散热，保持体温；当气温较高时，皮肤毛细血管网大量开放，体表血流量增多，皮肤散热量增大，可使体温不致过高。

2．通过蒸发汗液调节体温

当气温过高时，人体大量出汗，汗液在蒸发过程中可带走部分热量，起到降低体温的作用。

（四）分泌和排泄

皮肤的皮脂腺、汗腺能分泌皮脂、汗液。皮脂与汗液在皮肤表面混合，形成乳化皮脂膜，可保护、滋润皮肤及毛发。皮肤通过出汗排泄体内尿酸、尿素等代谢产生的废物。此外，皮肤还可通过汗孔、毛孔进行呼吸，它直接从空气中吸收氧气，同时排出体内的二氧化碳。皮肤的呼吸量为肺呼吸量的1% ~ 2%。

三、皮肤的分类与性质

人的皮肤，按照皮脂腺分泌状况，一般可分为四种类型：中性皮肤、干性皮肤、油性皮肤和混合性皮肤。

（一）中性皮肤

中性皮肤皮脂分泌量适中，皮肤既不干也不油，滋润细腻，富有弹性，毛孔较小。对外界刺激较敏感。中性皮肤是健康理想的皮肤，多见于青春前期的少女。其pH在5 ~ 5.6。

（二）干性皮肤

干性皮肤皮脂分泌量小，皮肤比较干燥，易出现细小的皱纹。干性皮肤大多偏白皙，毛孔细小而不明显。一般情况下，干性皮肤都比较薄，毛细血管浅，易破裂，对外界刺激敏感。干性皮肤可分为缺水或缺油两种。缺水皮肤多见于中老年人；缺油皮肤多见于青春期以后的年轻人。干性皮肤的pH在4.5 ~ 5。

（三）油性皮肤

油性皮肤皮脂分泌量多，皮肤光亮，毛孔粗大，不易产生皱纹。油性皮肤一般肤色较深，对外界刺激不敏感。油性皮肤常见于青春发育期的少年，并容易产生粉刺、痤疮。油性皮肤的pH在5.6 ~ 6.6。

（四）混合性皮肤

混合性皮肤兼有油性皮肤和干性皮肤的性质。在面部“T”型带（指前额、鼻、口周、下巴部位）呈油性状态，眼部、双颊呈干性状态。混合性皮肤多见于25 ~ 40岁年龄的人。

四、皮肤的保养与护理

（一）皮肤的日常保养

为了使皮肤处于健康状态，减少皮肤疾病，减缓皮肤衰老，在日常生活中，对面部皮肤应采取如下保养措施：

1．经常参加户外体育运动，保持健康的体质。

2．根据不同年龄的不同需要，建立合理的饮食结构，适当多饮水，保持良好的营养状况。

3．保持良好的精神状态和愉悦的心境。

4．合理调整作息时间，保证充足的睡眠。要做到劳逸结合，起居规律。

5．经常做一些面部皮肤按摩，加速血液循环和新陈代谢。应根据面部皮肤性质及时补充营养和水分。

6．合理选用护肤品、化妆品。

7．洁面要彻底。

8．不吸烟，少喝酒，少吃刺激性的食物。

（二）皮肤的日常护理

由于不同的原因，皮肤会出现各种问题。常见问题皮肤有粉刺、痤疮、色斑、衰老皮肤等。下面简单介绍这几种皮肤的护理方法：

1．粉刺皮肤

每天睡觉前彻底清洁皮肤，可以有效预防黑头粉刺的发生。若粉刺已经形成，可以在局部皮肤消毒后将其剔除。

2．痤疮皮肤

经常用温水洗脸，防止油脂堆积。注意饮食结构，少食高糖、高脂肪或辛辣刺激性食物。保持排便通畅，生活要有规律。炎症期间少用或不用修饰类化妆品，以防加重感染。

3．色斑皮肤

避免日晒，可涂些防晒类护肤品。生活要有规律，保证充足的睡眠，不要过度疲劳，保持心情舒畅，不要气恼、忧郁。多吃富含维生素C、维生素E的水果、蔬菜与干果。色斑较严重者应定期进行皮肤护理。

4．衰老皮肤

体内及皮肤应保持足够量的水分，使皮肤滋润，具有弹性。加强体育锻炼，使身体保持健康的状态。调整饮食结构，不吸烟。合理使用化妆品。

第二节　骨骼与肌肉

一、骨骼

成人的骨共有206块，全身的骨相互连接形成坚硬的支架，叫做骨骼。按其所在部位大致可分为颅骨、躯干骨和四肢骨。本书主要介绍颅骨的组成。颅骨由不同形状的23块骨组成，是头部重要器官的支架。颅骨位于脊柱上方，分为脑颅骨和面颅骨两部分。

（一）脑颅骨

脑颅骨位于颅的后上部，又称颅盖骨，由8块骨构成。由其围成容纳脑组织的颅脑，对于腔中的脑组织起到保护作用。脑颅骨由成对的顶骨、颞骨和不成对的枕骨、额骨、蝶骨、筛骨组成（图3-3）。脑颅骨构成卵圆形的脑颅腔，使脑容于腔中，脑颅腔的顶部由额骨、顶骨组成，额骨在前，顶骨在后。脑颅腔的底则由颌骨、筛骨、蝶骨、颞骨与枕骨构成。

（二）面颅骨

面颅是由一块犁骨、下颌骨、舌骨及成对的上颌骨、鼻骨、泪骨、颧骨、下鼻甲骨及腭骨所组成，形成脸形轮廓（图3-4）。从前面观察时，可见到三个大孔，一对眼眶孔和一个鼻孔。鼻孔两侧有一对上颌骨，上颌骨下方有一块马蹄形的下颌骨。鼻孔被鼻中隔所分隔；鼻孔的两侧有下鼻甲骨，上方有两块很小的长方形鼻骨，鼻骨的外侧面有两个很小的泪骨。颧骨位于眼眶下外方的菱形骨位，舌骨位于颌骨下方，在上颌骨的下方有腭骨。

对人体骨骼知识有所了解，尤其对颅骨的知识有所了解，才能正确地结合头形和脸形塑造出新颖大方的发型。

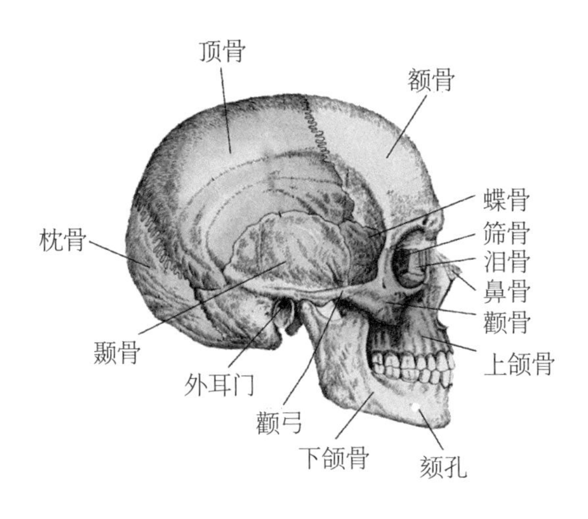

图3-3 脑颅骨

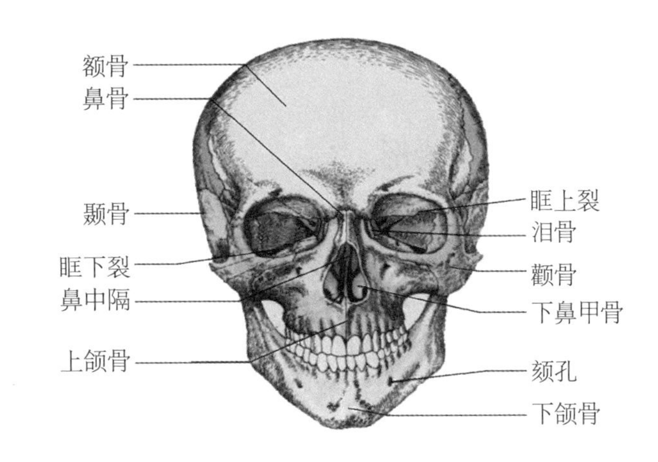

图3-4 面颅骨

二、头肌

头肌分为表情肌和咀嚼肌。

（一）表情肌

表情肌位置较浅，大都起于颅骨，止于面部皮肤。收缩时使面部皮肤拉紧，改变其形状和外观出现各种皱纹，产生各种表情。人类表情肌较其他动物发达，这与人类大脑皮质及思维意识的高度发达有关。表情肌包括额肌、眼轮匝肌、口轮匝肌、颊肌、皱眉肌、鼻肌、上唇方肌、颧肌、笑肌、降口角肌和下唇方肌等。表情肌收缩时使面部皮肤出现皱纹，并改变口裂与眼裂的形状，从而表达人的喜、怒、哀、乐等情感（图3-5）。

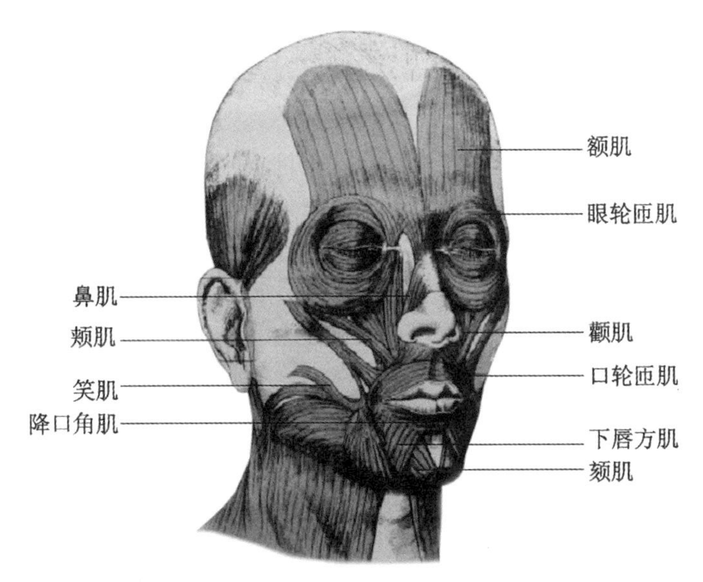

图3-5 面部肌肉

（二）咀嚼肌

咀嚼肌分布在下颌关节周围，运动下颌关节，产生咀嚼运动，并协助说话。咀嚼肌包括咬肌、颞肌等。

三、头形、脸形

（一）头形

从每个人的侧面或背影看，头形各有差异。顶部有大、小、阔、扁、圆之分；颈脖有长、短、粗、细之别。但具体到一个人往往兼有大而扁、小而圆、长而尖，以及颈项的细而长、粗而短等状况。一般而言，头形分为：长形头、圆形头、扁形头三大类。

（二）脸形

1．脸形的分类

俗话说“百人长百相”，只要仔细观察一下，就可以看出每个人不仅耳、眼、鼻、口有差异，头部外表轮廓也有长、宽、扁、圆之分，人的脸形大体可分为七种，即长形脸、圆形脸、方形脸、椭圆形脸、菱形脸、正三角形脸、倒三角形脸。

2．各种脸形的特征

（1）长形脸。前额发际生长较高，脸部肌肉不发达，下颌较长，给人一种成熟、沉着的感觉。

（2）圆形脸。颊部肌肉比较丰满，前额不高，下颌不长，具有圆润的轮廓，给人一种温柔可爱的感觉。

（3）方形脸。额部开阔，两腮突出，下颌较宽，面部显得方正，给人以顽强刚毅的感觉。

（4）椭圆形脸。是女性标准脸形，俗称“鸭蛋脸”，给人一种文静高贵的美感，搭配任何发型都充满自然美。

（5）菱形脸。上额部和下颌部都窄，颧骨凸出，给人的感觉是：线条清楚，变化多样。

（6）正三角形脸。上额比较窄，下颌部宽，给人一种持重、稳健的感觉。

（7）倒三角形脸。与正三角形脸相反，其特征是：上额宽，下颌窄，给人一种瘦小的感觉。

第三节　毛发的解剖知识

毛发是皮肤的附属物，毛发是不能离开皮肤而独立存在的。

一、头发的结构及生长规律

（一）毛发的结构

人体的毛发（图3-6）除手掌、脚掌外遍布全身皮肤头发是毛发的重要组成。毛发主要成分是角蛋白。毛发分为毛根、毛干两部分。毛根在皮肤内，毛干露出皮肤。

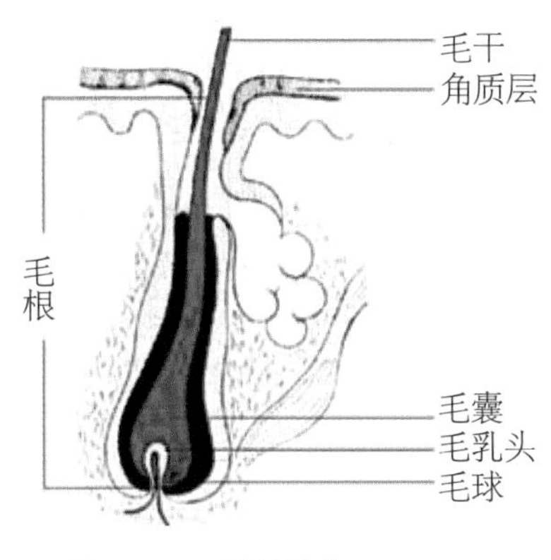

图3-6　毛发的结构

1．毛根

毛根包裹在毛囊中，毛囊下端膨大成球的部分称为毛球。毛球底部凹陷，真皮组织伸入其中，构成毛乳头。毛球下层与毛乳头相接处为毛基质。

（1）毛球。毛球是一群增殖和分化能力很强的细胞。

（2）毛乳头。毛乳头内含有丰富的血管，神经末梢，具有为毛球提供营养的作用。如果毛乳头遭到破坏或退化，毛发即停止生长并逐渐脱落，毛球细胞的增殖和分化依赖于毛乳头的存在。

（3）毛基质。毛基质是毛发的生长区，含有黑色素的细胞，分泌黑色素颗粒并输送到毛发细胞中，黑色素颗粒的多少和种类，决定头发的颜色。

（4）毛囊。毛囊为一管状鞘囊，由内向外可分为内根鞘和外根鞘两层：内根鞘从毛球起到皮脂腺开口处止，作用是通过皮脂腺分泌油脂滋润头发；外根鞘直接与表皮的基底层和棘细胞相延续，向下延伸连于毛球。

2. 毛干

从毛干剖面图观察，毛干分为三层，即表皮层、皮质层和髓质层（图3-7）。

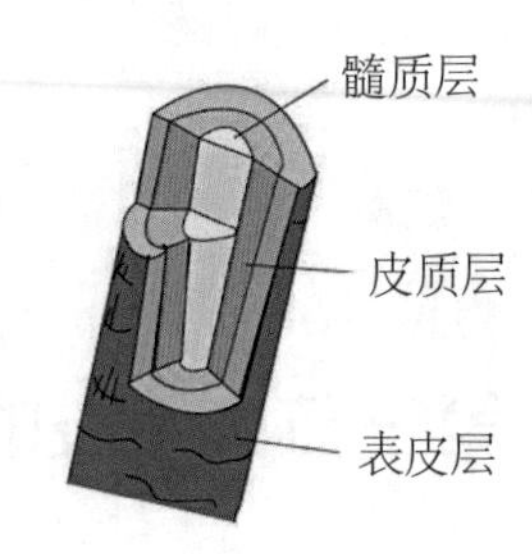

▲ 图3-7 毛干剖面图

（1）表皮层。位于毛干的最外层，是一层透明的、呈鱼鳞状叠排的薄膜，有许多扁平的鳞片状角化细胞组成，起着保护毛发的作用。健康的表皮层会使毛发呈现天然光泽。

（2）皮质层。占整个毛干的45%，由柔软的蛋白质及角化的菱形细胞构成。皮质层控制着毛干的水分、韧性、弹性、柔软性、粗细、形状等，是毛发中最重要的部分。

（3）髓质层。位于毛发的中心，由细软的蛋白质及含有色素的多角形细胞构成。

（二）头发的生长规律（图3-8）

1. 生长期

头发在生长期中每天约生长0.35 mm。一个人一般情况下大约有85%的头发处于积极的生长期。生长期的头发颜色较深，毛干粗而有光泽。每根头发的生长期为2 ~ 6年，最长25年。

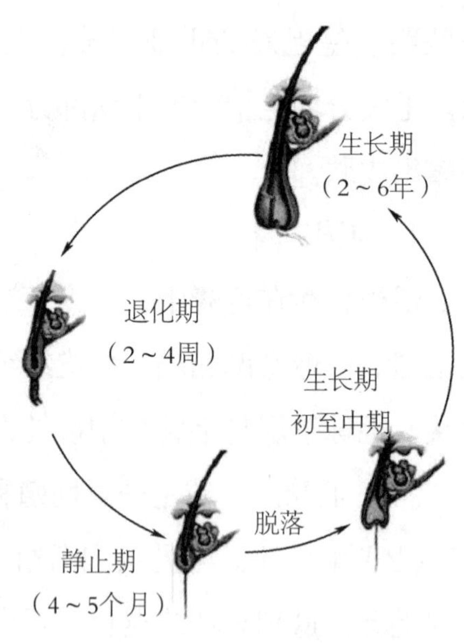

▲ 图3-8 头发的生长规律

2. 静止期

头发进入静止期后，毛球的细胞停止生长，并发生角质化和萎缩，向表皮推移，逐渐与毛乳头分离，同时所遗留的毛乳头也逐渐退化和消失。这时的头发较易脱落，但在旧毛脱落之前，原来的毛乳头处的外根鞘细胞仍留在原处，重新增殖后形成新毛球和毛根。静止期的头发细而干硬，色淡无光。头发静止期为4 ~ 5个月。

3. 脱落期

新的毛球底部形成新的毛乳头，新生头发逐渐向表面生长，最后伸出皮肤表面将旧发推落。成年人头发数量一般在10万 ~ 15万根。正常人每天一般脱发不超过100根。

二、头发的形状、性能、作用及流向

（一）头发的形状

1．横切面

头发的形状与颜色、色质密度分布、空气含量以及头发表面平滑或粗糙均有一定关系。一般情况下，白种人的头发横切面呈宽卵圆形、黑种人的呈扁圆形、黄种人的呈圆形。

2．纵切面

一般棕色、淡黄色的头发比较细软，呈不同程度的弯曲状，为波状发；褐色头发比较粗硬，呈自然卷曲状，为卷发；黑发的粗硬程度不同，一般是直线形，为直发。生长在头顶部的头发往往比生长在脑后的头发细一些，女性的头发通常比男性的头发细一些。

（二）头发的性质

1．头发的化学性质

头发的细胞组织是由许多角蛋白和蛋白质分子组成的。一连串纤维状的角蛋白颗粒有规律地排列着，并由胱氨酸、盐类、水等元素把这些纤维状颗粒连接起来，组成细长的头发。如果把这一连串颗粒连接的关系加以改变，重新组织新的连接，头发就会发生形变，因此头发具有可塑性。

2．头发的物理性质

头发在水中虽然不会溶解，但是受水浸润会膨胀。热对头发具有渗透力，头发受热水浸润时膨胀快。头发还具有伸缩性，受到外力作用，其伸缩幅度可达到20%左右。

（三）头发的作用

头发对人来说，不仅有美化作用，而且还具有保护、感觉、绝缘、调节体温等作用。

1．保护作用

头发包覆头颅，形成了头部的第一道防线，一定程度上可以保护头部免受外来侵害。

2．感觉作用

外力作用于头发时，头发可将作用力传导至头皮感受神经末梢。

3．绝缘作用

在干燥的情况下，头发不易导电。

4．调节体温

头发具有散热和保温的作用。炎热时，头发能向外排放热量；寒冷时，血管收缩，头发能使头部保持一定的热量。

（四）头发的流向

毛发的生长是有方向性和角度性的，其因生长的部位不同而不同，如图3-9所示。

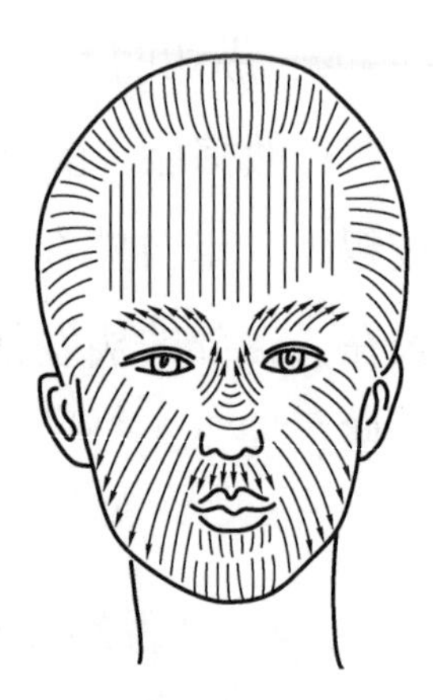

图3-9　头发的流向

（1）面部额前的软毛自上而下向耳鬓两侧倾斜生长。

（2）眼眶上缘的软毛自下而上分左右向外侧生长；而下缘软毛则与颊部软毛相接，沿鼻梁两侧自上而下向外生长。

（3）鼻部毛流，由鼻梁两侧呈弧形向中间生长。

（4）胡须一般是自上而下生长，嘴唇上端的胡须沿人中向两边嘴角外伸，下颌部分的胡须沿外侧向中间聚拢。

（5）头发的生长方向。额前与顶部头发向前略微倾斜，两侧与后脑部分则是自上而下生长，每个人的头顶上接近枕骨部位都有一个（或几个）螺旋形的“发涡”，“发涡”边的头发都是呈环形向外生长的，“发涡”在额前时，头发便向上生长。

（五）头发的常见病理

由于人体内器官的病变而引起的毛发的变化，属于毛发的病理现象。头发的常见病理有头皮屑过多、头发干枯、发梢分叉、脱发、斑秃、头发早白等。下面分别介绍其主要原因及护理方法：

1．头皮屑过多

头皮屑过多（图3-10）的主要原因：

（1）人体疲劳。

（2）皮脂分泌多。

（3）洗发次数过频或使用碱性过大的洗发液。

（4）口服或注射过多的相关药物等。

图3-10　头发上的头皮屑

护理方法：

（1）正确选用洗、护发用品。

（2）洗发时多用清水冲洗，逐步使皮脂分泌趋于正常。

2．头发干枯、发梢分叉

头发干枯、发梢分叉（图3-11）的主要原因：

（1）发质长期受损。

（2）头发长时间缺少蛋白质（图3-12）。

（3）过度疲劳或营养不良。

（4）频繁染发、烫发、漂发、吹风等。

护理方法：

（1）注意劳逸结合。

（2）合理调整饮食结构，多吃含碘、维生素A及蛋白质的食物。

（3）正确选用洗、护发用品，减少染、烫次数，经常做焗油护理。

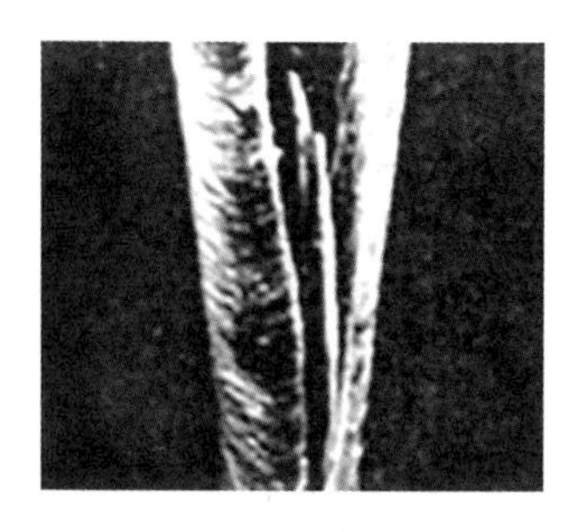

▲ 图3-11　发梢分叉

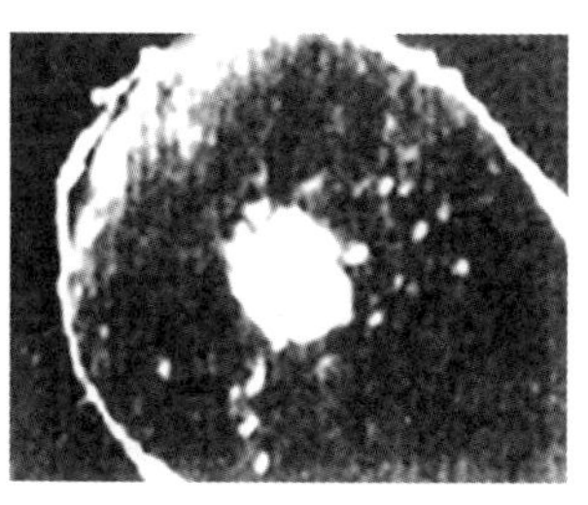

▲ 图3-12　缺少蛋白质（头发横切面）

3．脱发

脱发（图3-13）的主要原因：

（1）长期服用某种药物，新陈代谢紊乱。

（2）体内缺乏维生素或激素分泌失调等。

护理方法：

（1）减少外界各种刺激。

（2）调节吸收及内分泌功能。

（3）经常做头部按摩，调节其血液循环及新陈代谢。

（4）选用适当头发营养剂。

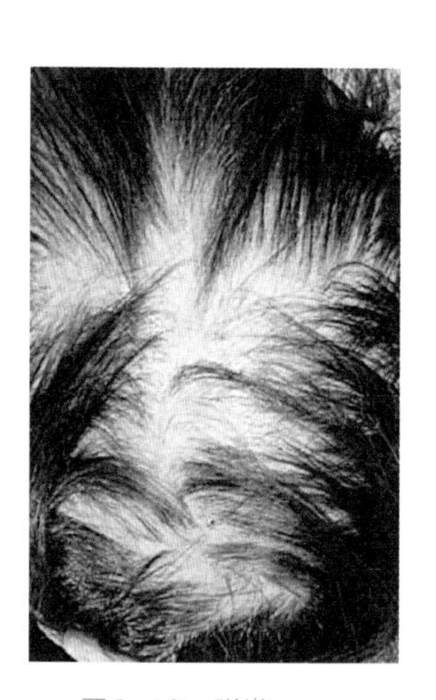

▲ 图3-13　脱发

4．斑秃

斑秃（图3-14）的主要原因：

（1）多数为身体内部因素所致。

（2）强烈的精神刺激。

（3）内分泌失调、营养不良、慢性疾病等。

护理方法：

（1）调节吸收及内分泌功能。

（2）劳逸结合，保持良好的精神状态与愉悦的心境。

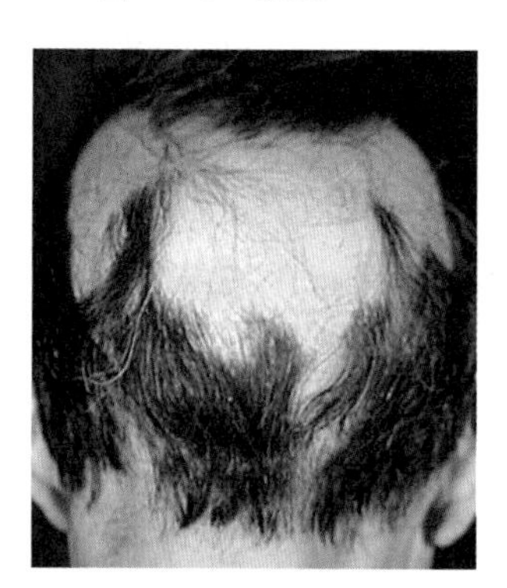

▲ 图3-14　斑秃

5. 头发早白

主要原因：

（1）遗传。

（2）营养性毛发失色病。

护理方法：

（1）从身体、营养、精神状态等方面进行调节。

（2）通过染发、焗油暂时改变其白发状态。

三、头发的种类及保护

（一）头发的种类

头发的种类很多，从美发行业实际操作的方面出发，头发可分为硬发、绵发、沙发、油发、天然卷发五种。

1. 硬发

发丝粗硬，发质富有弹性，分布稠密，含水量大。

2. 绵发

头发细软，发干直径小，弹力较差，含水量少。

3. 沙发

头发缺乏油脂，含水量少，干枯、蓬松。

4. 油发

头发油亮，好像富有弹性，实际弹性不稳定；头发油脂多，抵抗力强，造型时较为困难。

5. 天然卷发

含水量少，缺乏油脂，柔和。

（二）头发的保护

保护头发整洁，不但能避免微生物的入侵和繁殖，增加人体外形的美观，而且能振奋人的精神。如何保护好头发是今天美发师应十分重视的问题。

（1）洗发前先用5%浓度的盐水浸泡头发，再用洗发剂，可使头发柔软、光亮，还可以避免头发脱落。

（2）选用中性洗发液洗发，水温不宜过热，否则头发会变松、质地会变脆。

（3）选用优良的护发用品是保护头发的关键。

（4）不要经常烫发，经常烫发会使发质受损、颜色干黄。

（5）在饮食方面，注意多吃含碘的食物，能保持头发的光泽；多吃含蛋白质及维生素A的食物等，能调节头部的皮脂分泌量。

想一想

1. 皮肤有哪几种类型？它的作用是什么？
2. 颅骨由哪两部分组成？
3. 本书中介绍的头形有哪几种？脸形有哪几种？它们的特征分别是什么？
4. 毛发的结构是怎么样的？它的生长规律是什么？
5. 常见的毛发病理现象有哪些？
6. 造成毛发受损的原因有哪些？
7. 怎样辨别受损发质？
8. 如何护理受损发质？

练一练

寻找几位中年男士和几位中老年女士，试判断他们的脸形和发质。

第四章

洗发、按摩与护发

洗发是美发操作过程中的一个重要环节。通过洗发不仅可以使头发整洁而富有美感，而且有益于身心健康，对发式造型也具有重要作用。按摩一般是指在洗发过程中对顾客头、肩、背部的按摩，一般以头部按摩为主。洗发、按摩与护发操作虽有一定的连贯性，但本章将分别加以阐述。

第一节　洗发

洗发最直接的目的是将头发洗干净，去污除垢，使人的精神面貌焕然一新。洗发作为美发操作过程中的一个环节，直接影响着美发服务最终的效果。

一、洗发的作用和程序

（一）洗发的作用

1．清洁作用

头发上的污垢，一般有三种：空气中的灰尘、头皮的皮脂腺和汗腺的分泌物、饰发用品的残留物（发胶、发乳、摩丝等）。如果长时间得不到清洗，会滋生细菌。产生异味，通过洗发可以去除污垢，保持清洁。

2．保健作用

洗发操作通常运用揉搓、抓挠等动作来完成，这些操作反复接触头皮，可以促进血液循环和组织的新陈代谢，有利于头发的生长；同时，适当的洗发动作可刺激头皮，起到按摩的作用，使顾客产生轻松舒适之感，具有消除疲劳、振奋精神的作用，有利于身心健康。

3．美化作用

洗后的头发蓬松柔软，富有光泽，即使不做任何修饰，也能将头发的自然美进行充分的展示。

4．易于开展其他美发项目

洗发是为后续进行其他美发项目做铺垫，顺滑、清爽的头发更易于梳理，是进行修剪、烫发、吹风造型、头部护理等项目的前提条件。

“洗发后我的头发不仅整洁、有弹性，而且很漂亮。我很开心！”

（二）洗发程序

（1）准备洗发用品（图4-1）。如毛巾、洗发围布、宽齿梳、洗发液、护发素。

（2）系围布或穿洗发外衣。

（3）梳通头发，同时检查顾客头皮状况。

（4）冲湿头发（坐洗可省略这步）。

（5）涂放洗发液。

（6）放少量水将洗发液揉出丰富泡沫。

（7）抓洗。

（8）冲洗洗发液。

（9）涂放护发素。

（10）冲洗护发素。

（11）擦干头发多余水分。

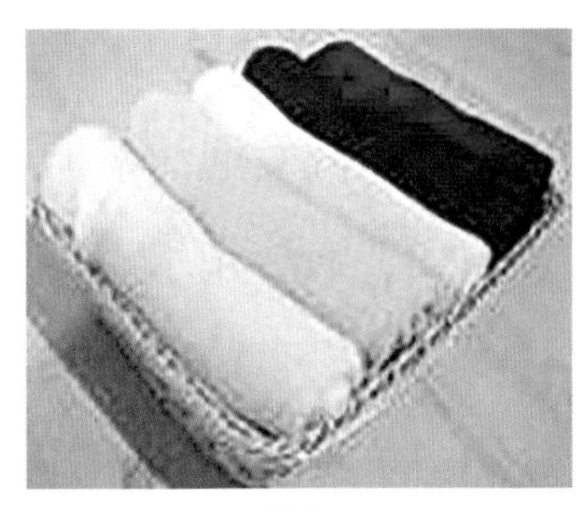

毛巾

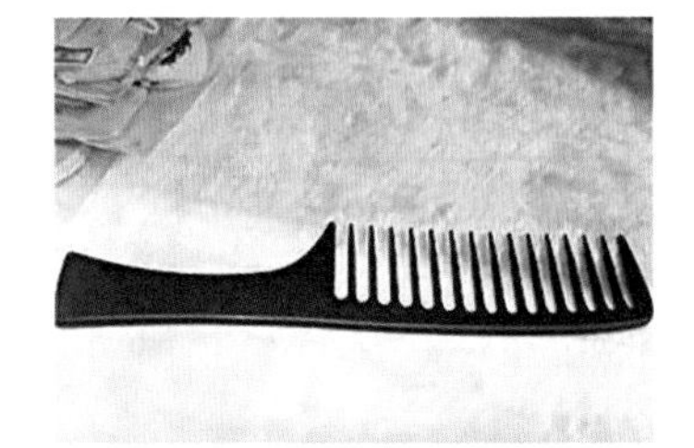

宽齿梳

图4-1　洗发用品

二、洗发方式和要点

（一）洗发方式

1. 坐式洗发

坐式洗发（图4-2）是顾客坐在美发椅上，美发师在干发基础上进行洗发的一种方式。其特点是顾客感觉较轻松，抓洗充分，是男士和女士都可采用的一种洗发方式。但进行烫、染发操作前不宜采用坐式洗发。

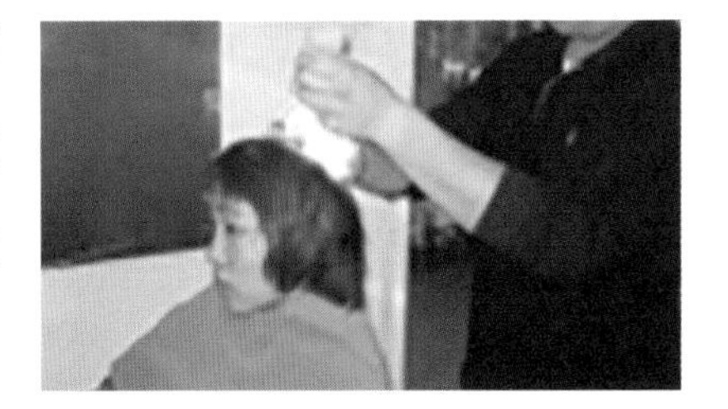

图4-2　坐式洗发

2. 仰式洗发

仰式洗发（图4-3）又称“躺洗”，是顾客躺在洗发椅上完成洗发的一种操作方式。其特点是顾客感觉较放松。但颈部和耳后不易清洗。

图4-3　仰式洗发

（二）洗发要点

（1）洗发前，检查头皮、物品备齐、护好顾客、助其躺好。

（2）洗发时，动作准确、轻重适当、时间适宜。

（3）洗发后，衣领不湿、不留泡沫、头发顺滑有光泽。

躺洗（抓揉手法）

（三）洗发易出现的问题

（1）洗发泡沫不丰富，不利于抓揉头发。

（2）泡沫和水流到顾客衣服上。

（3）没有给剪发顾客使用护发素或给要烫、染发的顾客使用了护发素。

（4）洗发力度不适宜。

（5）颈部、耳部冲洗不彻底。

（6）顾客感觉不适。

第二节　按摩

在美发操作中，按摩是附加的一项服务。美发按摩是通过各种手法作用于人体的头、肩、背部，以调整人体头、肩、背部肌肉状态，达到放松身体、消除疲劳的目的。在洗发过程中，对头、肩部、背部按摩，可以使人体感觉轻松舒适。

一、头部按摩的穴位及常用的按摩手法

（一）头部按摩的作用

头部按摩可以促进血液循环及头皮组织的正常代谢，增强细胞的再生能力，调节皮脂腺和汗腺的分泌，调节过度紧张的大脑神经，消除疲劳，达到安神养心镇静的作用。

（二）头部及肩背部主要穴位

以下穴位（图4-4、图4-5）位置所用的“寸”是中医概念的“同身寸”，如以被按摩者的拇指指关节横度为一寸。

1．穴位

（1）印堂：位于两眉的间隙中点。

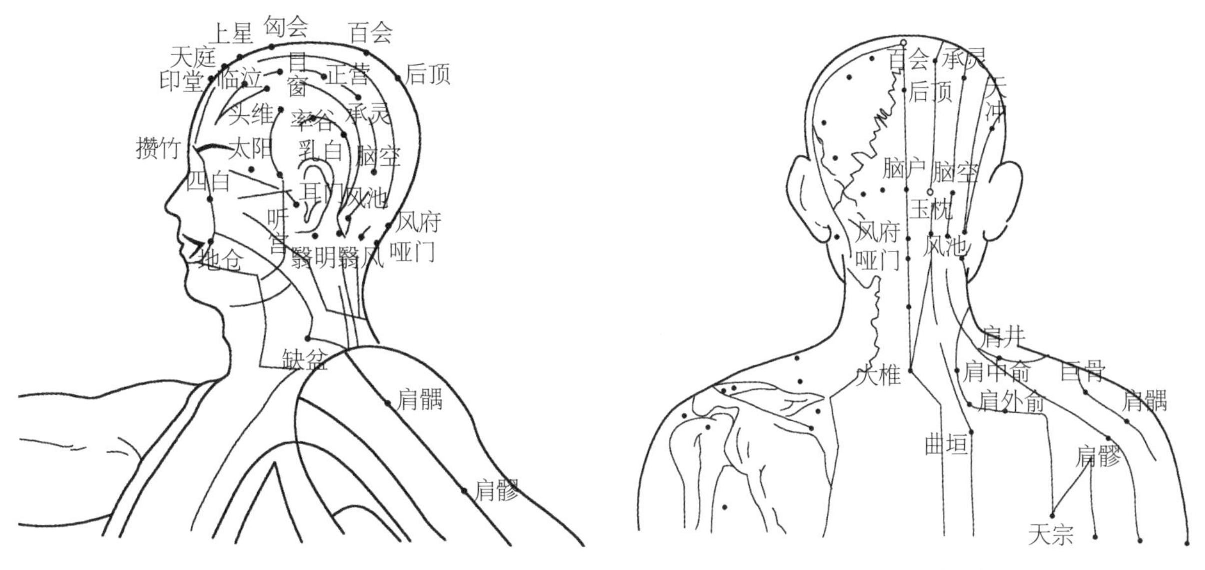

▲ 图4-4 头部穴位图（侧）　　▲ 图4-5 肩、背部穴位图（后）

（2）太阳：位于眉后，距眼角0.5寸凹陷处。

（3）攒竹：位于两个眉头处。

（4）天庭：位于鼻直上入发际0.5寸处。

（5）率谷：位于耳上入发际1.5寸处。

（6）百会：位于前顶后1.5寸处。

（7）风池：位于枕骨下缘，胸锁乳突肌与斜方肌起始部凹陷处，与耳根相平。

“按摩后，我感觉头脑清醒，肩、颈部很轻松！”

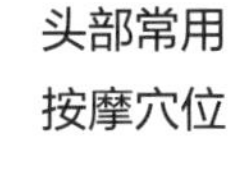

头部常用按摩穴位

（8）肩井：位于大椎穴与肩峰连线中点。

（9）大椎：位于第七颈椎与第一脑椎棘突之间。

2. 作用

（1）印堂：主治头痛、头晕等症。

（2）太阳：通过按摩太阳穴可以达到疏风解表、清热、明目、止痛的作用。

（3）攒竹：通过按摩攒竹穴可以达到疏风解表、镇静安神的作用。

（4）天庭：主治头痛、头晕等症。

（5）率谷：主治头痛。

（6）百会：主治头痛、昏迷不醒等症。

（7）风池：按摩风池穴可以达到发汗解表，祛风散寒的作用，还可调节皮脂腺和汗腺的分泌。

（8）肩井：主治肩背部疼痛。

（9）大椎：主治肩背部疼痛、发热、中暑、咳嗽等症。

（三）按摩的手法要领

1．按法

用指腹或掌、肘着力于体表一定部位，垂直向下按压，持续一定时间（图4-6）。注意着力部位应紧贴体表，不能移动位置，力量要由轻到重。

2．摩法

用指腹或手掌的掌面、掌根着力，附着于体表一定部位，以腕关节为动力，连同前臂做环形而有节奏的抚摩运动，但不能带动皮下组织（图4-7）。

3．揉法

用手指指腹或手掌部位着力，以腕关节或指关节为轴，使着力部位带动皮下组织做环形转动（图4-8）。

4．拿法

用单手或双手的拇指与食指、中指或拇指与其余四指指端相对，一松一紧地提拿某部位的肌肉和穴位（图4-9）。

5．点法

用指端在穴位上垂直向下点压（图4-10）。

6．擦法

用拇指指腹、掌面等部位着力，紧贴于皮肤表面一定部位上，稍用力下压，进行上下或左右直线往返摩擦，使之产生一定热量（图4-11）。

7．扣法

双手掌心相对，用手指的指侧面及掌侧依靠腕关节摆动击打按摩部位（图4-12），

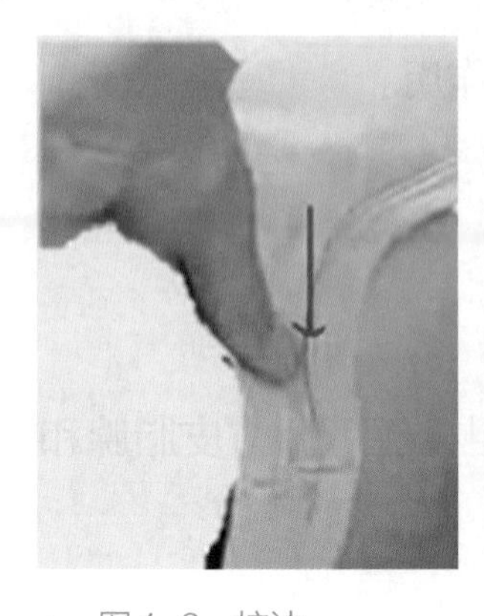

▲ 图4-6　按法

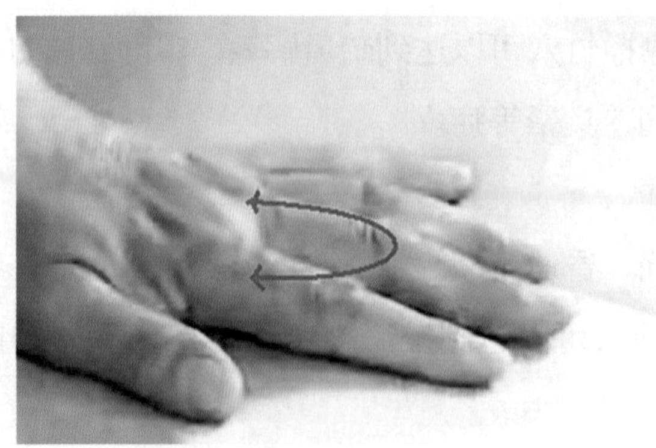

▲ 图4-7　摩法

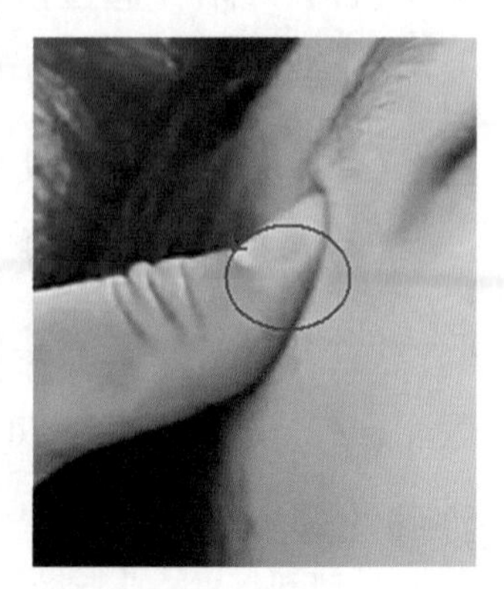

▲ 图4-8　揉法

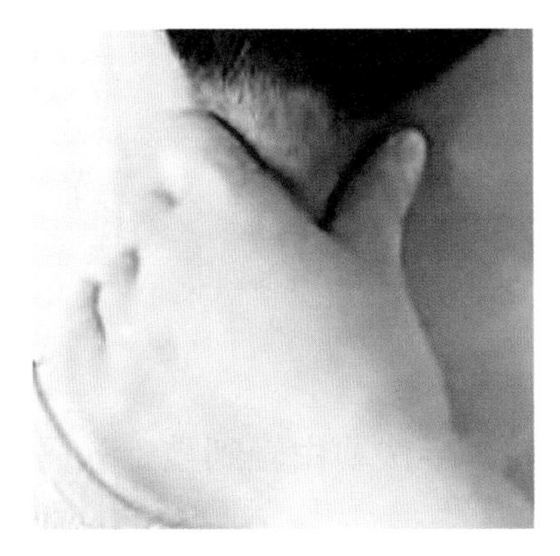

图4-9 拿法

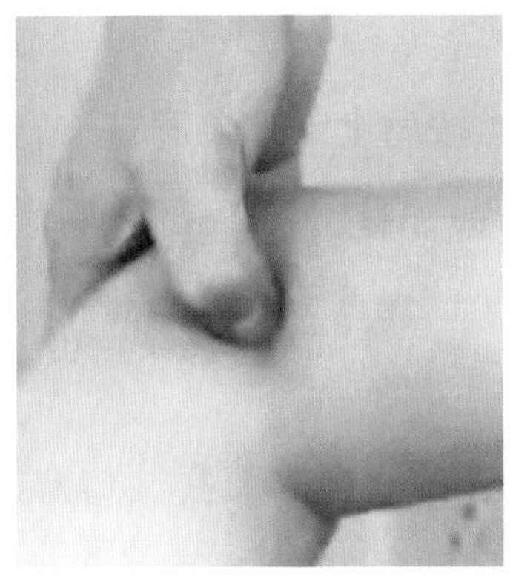

图4-10 点法

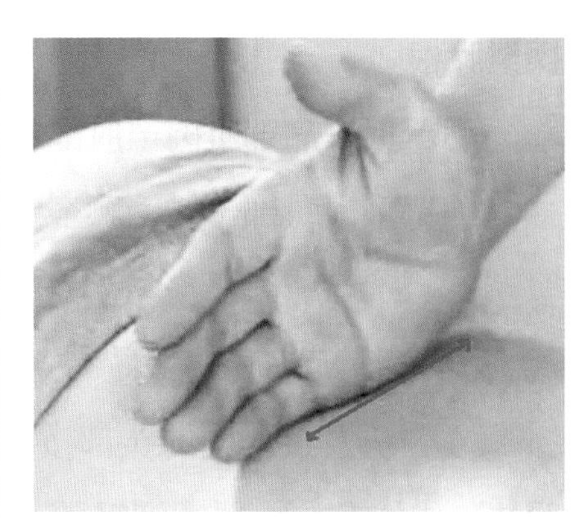

图4-11 擦法

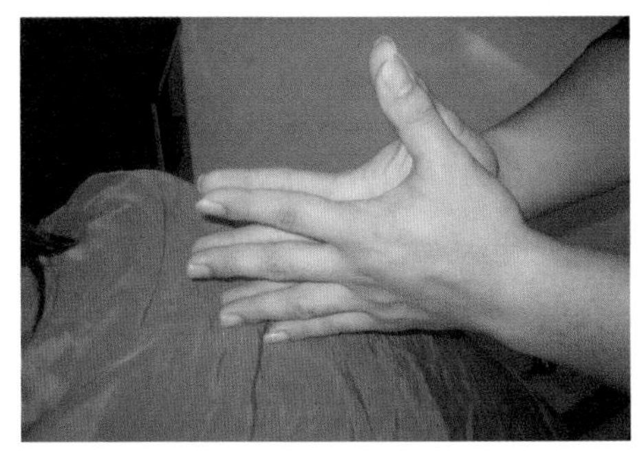

图4-12 扣法

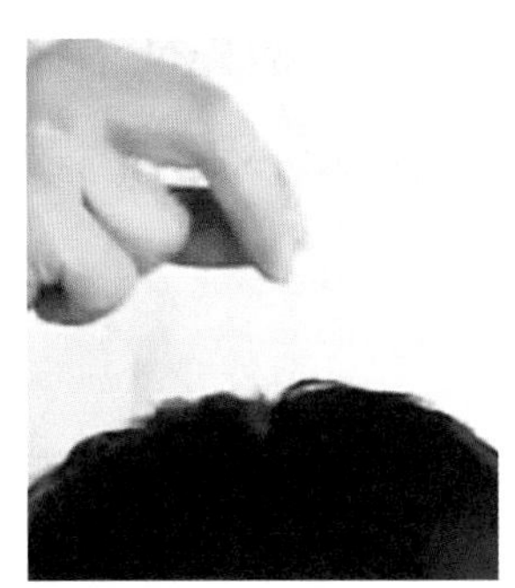

图4-13 啄法

力度均匀而有节奏。

8. 啄法

指尖并拢呈梅花状，用指尖在皮肤表面某部位上做垂直上下击打动作（图4-13）。

二、头部按摩的程序及注意事项

（一）头部按摩的程序

顾客全身放松坐于美发椅上。

（1）点按上星穴—点按百会穴—点按风府穴（从一个穴位用摩法移动到下一个穴位，反复几次）。

（2）双手十指点按头维、临泣、目窗、正营、脑空等几个穴位。

（3）双手十指点按太阳、率谷、浮白、翳明、翳风、耳周穴位。

（4）点按头顶头皮数次—轻弹头顶部—提放头发—敲击头顶部—拿捏颈部数次—

揉至脖根。

（5）抓拿肩部肌肉至肘部—点按肩上穴位：肩井、肩外俞、天宗、缺盆。

（6）敲击背部—抖动顾客手臂—拍打顾客肩部及后颈部。

（二）头部按摩的注意事项

（1）洗发过程中的头部按摩强调适当的节奏性与方向性，手法要由轻到重，先慢后快，由浅及深，以达到轻柔、持久、均匀、有力的手法要求。

（2）洗发按摩以头部按摩为主，配以肩背部按摩，按摩后顾客应感到轻松舒适。

（3）按摩时间的长短、力度的轻重，应先征求顾客的意见，再进行操作。

（4）对患有头部皮肤病以及患有严重心脏病的顾客和孕妇，禁止按摩。

（三）按摩易出现的问题

（1）动作不连贯，没有按照从上到下的顺序按摩。

（2）穴位点按不准确。

（3）手法过轻或过重。

（4）动作太快或太慢。

（5）手法不规范。

第三节　护发

护发分为日常护发和专业护发。美发厅的专业护发一般都使用护发仪器配合护发产品对头发进行护理，并加以揉压按摩以及蒸汽加热，使效果更佳。

护发产品，有焗油膏、发膜等，可以补充头发的营养，通过头发的鳞状表层吸收，使头发强韧保湿，发丝因而柔顺、有弹性。

一、护发的作用和程序

（一）护发的作用

1．补充营养、滋润头发

头发受损伤后，缺少水分和油脂。护发产品，如焗油膏中的主要成分是多种营养调理剂，如羊毛脂、保湿剂、植物油。通过焗油机的热蒸汽可以使头发表层的毛鳞片张开，吸收焗油膏中的营养成分，达到补充头发水分、增加油脂和蛋白质等营养成分的作用。

2．保护作用

头发养护最好以日常护理为主，平日要注意保养，避免受损，如果等到头发受损后再去护理，往往需要花费更多精力。所以，头发要定期焗油护理，才能保持头发的健康与活力，使头发具有弹性和光泽。

3．修复作用

头发养护焗油可以使头发的状态得到改善，使头发表面的毛鳞片得到营养，变得滋润，并能增强头发抗静电、抗紫外线的能力，恢复头发的生机。

（二）护发程序

1．准备护发用品（图4-14）

2．步骤

清洗头发—涂抹护发用品如焗油膏—打卷（图4-15）—焗油机加热（图4-16）—加热后停放5分钟—冲掉护发用品如焗油膏。

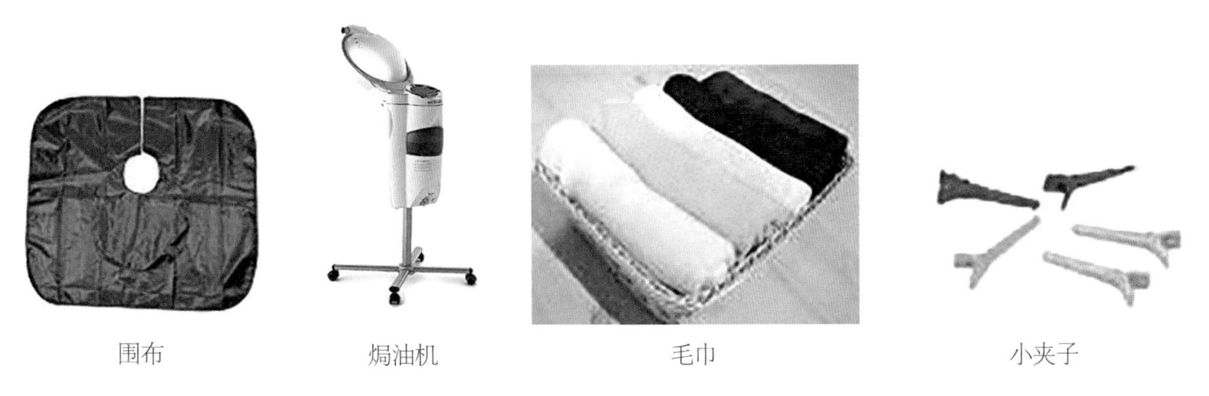

▲ 图4-14 护发用品

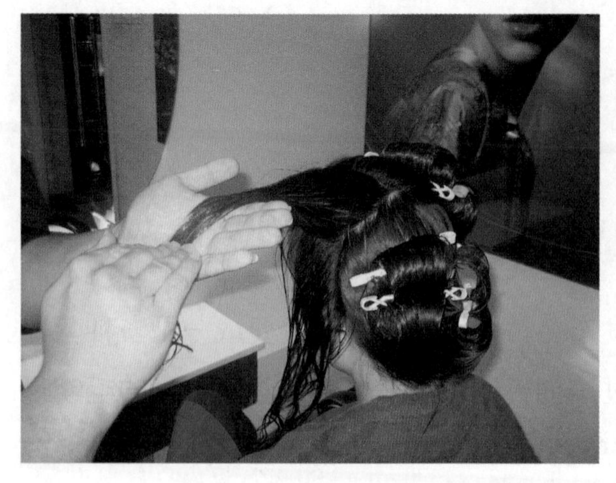

▲ 图4-15 打卷

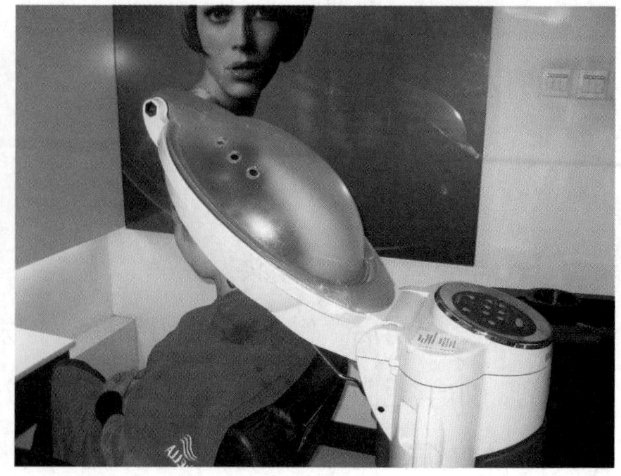

▲ 图4-16 焗油机加热

二、护发的注意事项

涂抹焗油膏和打卷

（1）要根据头发的性质与受损程度选择适合的护发产品。

（2）加热时间不宜过长，以10 ~ 15分钟为宜。

（3）涂抹护发产品要适量、均匀。

（4）冲洗干净，头皮上不应有残留的焗油膏。

（5）护发后不要过分做吹风造型。

想一想

1. 洗发的作用是什么？
2. 洗发时应注意哪些问题？
3. 洗发液的作用什么？
4. 按摩的作用是什么？
5. 头部按摩的主要穴位有哪些？
6. 按摩的手法有哪些？
7. 护发的作用是什么？

练一练

填写右图中的穴位的名称。

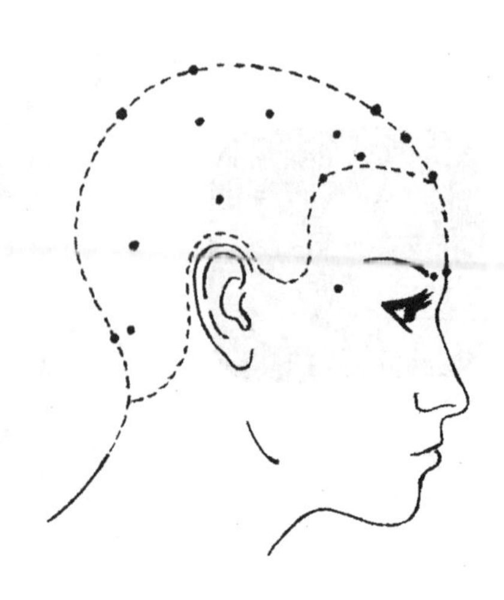

第五章

修剪与造型

发型的修剪，即对目标发型以外的头发进行裁剪、去除的具体操作技法。造型是指为提升发型给人的视觉效果，按照顾客的个人条件和意愿而将头发修整成为优美的发型形状的过程。修剪是手段，造型是目的，两者紧密相关，统一于发型整体设计造型的要求下。基于顾客的气质、脸形、体型、性格特征及工作性质等进行科学的修剪造型，也是呈现美发师水平的一项重要技术环节。

剪是一种塑型艺术，正如雕塑家把泥土塑造成一件艺术品，美发师对头发的塑造也是同一道理，所不同的是工具和方式罢了。美发师通过划分区域和变换头发长度来决定结构，与不同的因素结合塑造发型。

第一节 美发工具及使用

一、发梳和用品

1．剪发梳

剪发梳（图5-1）的作用和使用方法：

（1）作用：主要用于梳理头发和剪发。

（2）使用方法：利用拇指、食指和中指拿发梳的中间两侧部位，配合剪刀修剪头发。

2．尖尾梳

尖尾梳（图5-2）又称挑梳，分针梳，烫发梳。

（1）作用：主要用于烫发、卷发、盘发。

（2）使用方法：拇指和食指持发梳齿根部，可分线和梳理发片。

3．排骨梳

排骨梳（图5-3）的作用和使用方法：

（1）作用：主要用于吹风造型。

（2）使用方法：用拇指和其他四指灵活梳理、扭转发束。

4．九行刷

九行刷（图5-4）的作用和使用方法：

（1）作用：主要用于吹风造型。

（2）使用方法：用拇指和其他四指持刷齿根部灵活梳理、扭转发束，整理发型。

5．发夹

发夹分鸭嘴夹、长嘴夹（图5-5）。

（1）作用：固定发束。

（2）使用方法：分发区修剪头发时，将分发区的发束清晰地固定在头部，便于修剪。

6．喷水壶

喷水壶（图5-6）的作用和使用方法：

（1）作用：使头发保持均匀的湿度。

（2）使用方法：湿发利于修剪，将喷水壶的雾状水距离头发30 cm左右均匀地喷在要操作的头发上。

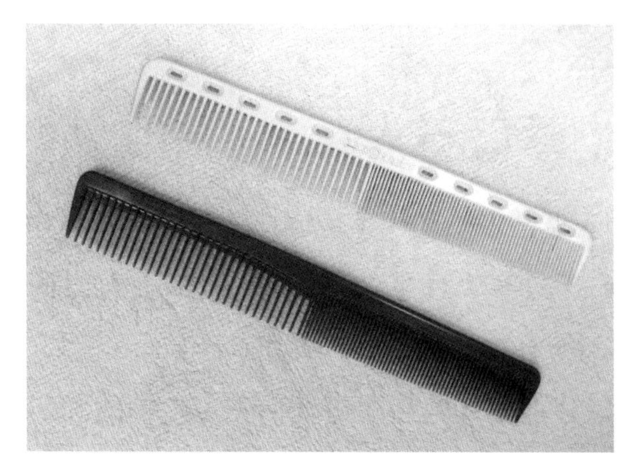

图5-1 剪发梳

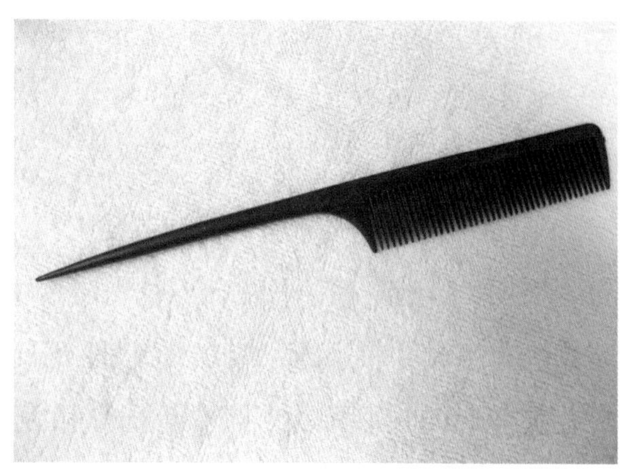

图5-2 尖尾梳

图5-3 排骨梳

图5-4 九行刷

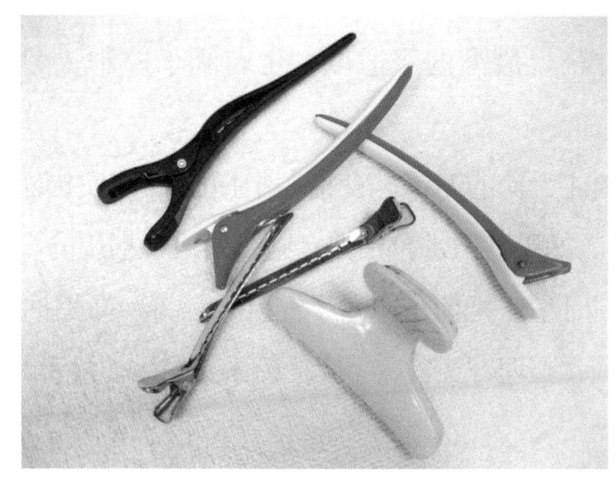

图5-5 发夹

图5-6 喷水壶

7．围布

（1）作用：防止修剪的发茬落到顾客皮肤和衣物上。

（2）使用方法：围布沿顾客颈部围住，松紧适度，覆盖顾客颈部以下部位。

二、剪刀

1. 平口剪

平口剪（图5-7）是修剪的主要工具，用于调节发长、调整色调。一般分为5.0寸（1寸约3.3 cm，下同）、5.5寸、6.0寸、6.5寸、7.0寸、8.0寸。国际上剪刀的尺寸也有用英寸表示的，如4.0英寸、5.0英寸、6.0英寸、7.0英寸。

操作时的正确用法：用右手拇指和无名指分别套入剪刀的可动柄和不动柄的圆环内，食指和中指抵住不动的剪刀杆，稳住刀身，小指自然弯曲；剪发时，拇指摆动可动柄，其余四指不动稳住刀身，使两片刀刃合拢剪发（图5-8）。

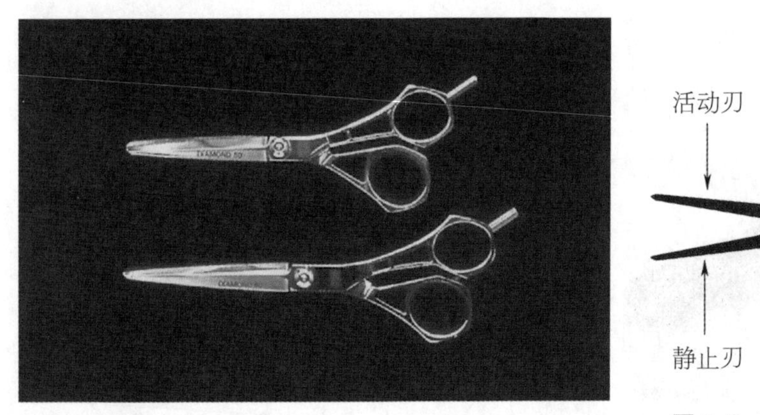

▲ 图5-7 平口剪

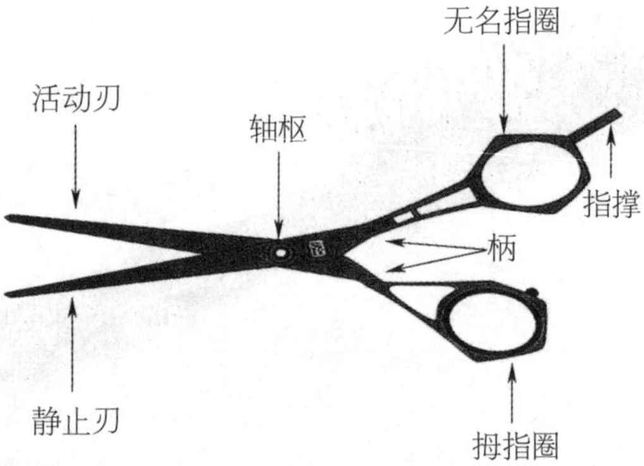

▲ 图5-8 剪刀各部位的名称

掌握正确的持剪方法，有助于在剪发时获得最大的舒适度，也有利于控制（图5-9）。

（1）把大拇指的前端伸进拇指圈里，控制住活动的刀锋。食指和中指放在剪刀上面以增强控制力。大拇指伸进太多会减弱控制力。如果剪刀带有指撑，则是留给小指用的。

（2）在操作中，拿剪刀的手有时候还要同时拿一把梳子。为了安全，应将大拇指抽出，把剪刀握在掌中，梳子放在拇指和食指中间，整理好头发后，应把梳子交到另一只手。

2. 牙剪

牙剪（图5-10）又称锯齿剪，也是一种常用的剪发工具，一般分单面牙剪和双面牙剪。主要用于调整发型的色调以及层次。一般情况下，牙剪的其中一片是普通刀刃，另一片是锯齿状的刀刃或两面均为锯齿状刀刃。牙剪剪出的头发为有规律的、长短的交替。通常密集的齿刀除去的头发比宽锯齿刀除去的头发多得多，主要用于头发的打薄，使头发显出层次，创造动感。

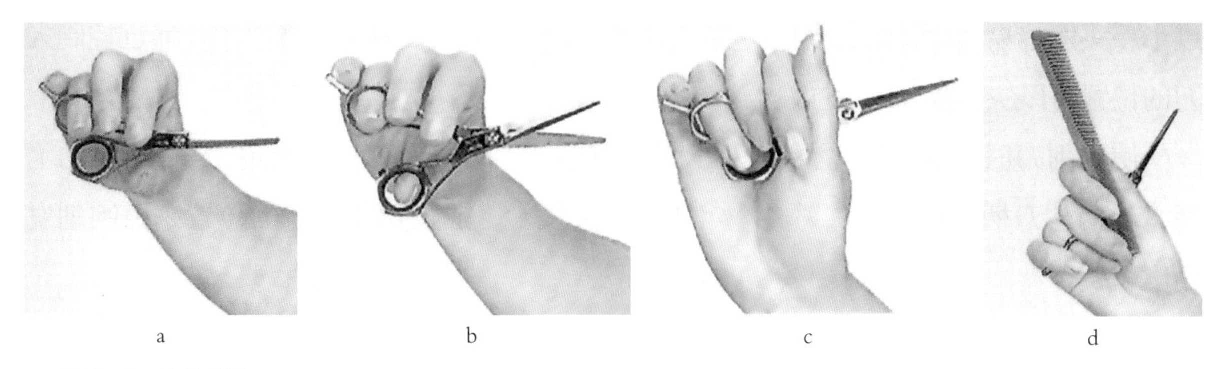

图5-9　持剪方法

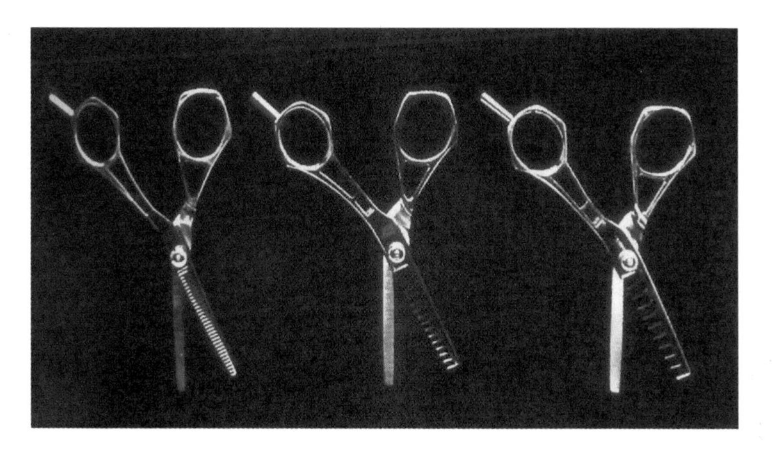

图5-10　牙剪

剪刀的使用方法

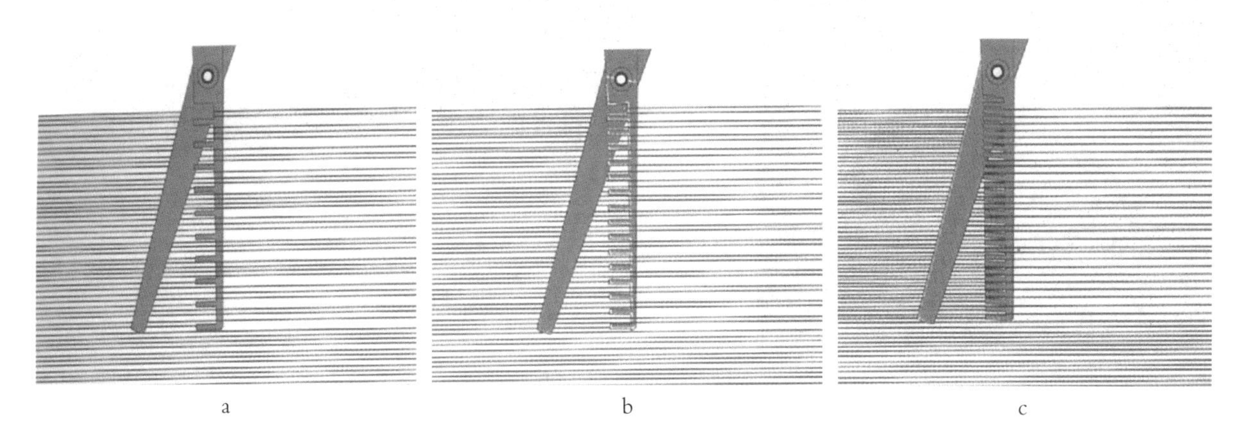

图5-11　锯剪效果图

牙剪分为8号、16号、32号，即每个齿锯之间的宽度是1/8、1/16、1/32，齿锯越宽，去除头发量越少（图5-11）。使用时，可用手指夹住头发或梳子梳起一束头发进行锯剪。

注意：锯剪时一定要移动地剪，避免去除发量过多、脱节和重叠。

3．削刀

削刀（图5-12）主要是用来将头发打薄。削发角度一般以20°～45°为宜，角度过小，头发容易翻翘，同时会损伤头发。削刀处理过的头发发端线条柔和。通过控制入刀的位置可以决定去除的发端发量。

使用削刀时，头发须完全浸湿，大拇指放在刀柄的下面，其余四指放在刀柄的上面，手柄与刀柄成一直线，刀头一定要贴在头发上，通过调整刀背的位置来控制削发角度。

注意：在熟练地掌握刀法之前，要用刀背保护，始终保持刀片的干净、锋利，更换或清洁刀片时要保证安全。

4．推剪

推剪（图5-13）分为手推剪和电推剪两种。是扎断头发、制造色调差异和层次感的主要工具。手推剪靠手的握放使齿片来回摆动将头发剪断，费力且速度慢。电推剪分为直接连接电源的普通型和充电型。电推剪以电为动力推动齿板进行扎发，更换不同刀片可产生不同的效果。有齿片薄、速度快、效率高、扎发干净等特点。

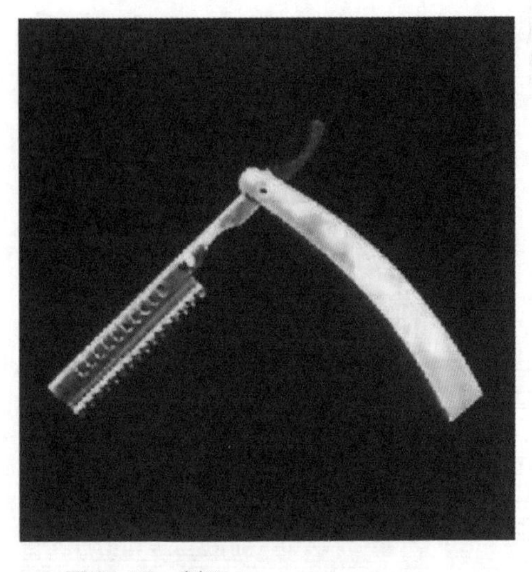

▲ 图5-12 削刀

▲ 图5-13 推剪

（1）正推剪法（图5-14）。也称满推。用电推子和梳子相配合，剪齿与头发全面接触，能剪去大面积的头发，一般适用于推剪两鬓和后脑正中部分的头发。

（2）半推剪法（图5-15）。即用局部推齿推剪头发，去除小面积的头发，适用于耳朵周围及头发起伏不平的部位。

（3）反推剪法（图5-16）。反推剪法姿势与满推和半推相同。操作时，掌心向上朝外，机身与剪齿向下，主要用来修饰轮廓。

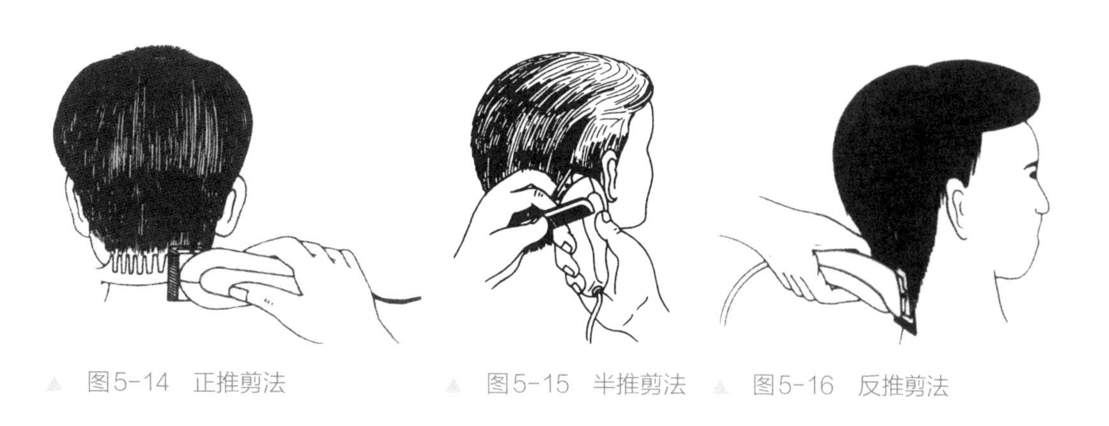

▲ 图5-14　正推剪法　▲ 图5-15　半推剪法　▲ 图5-16　反推剪法

电推剪手法操作

推剪使用方法

第二节　修剪技法与造型技法

一、剪发基本概念

（一）头部的基准点

点是物体的基本元素。对造型结构而言，点与面有相对的关系，一个点放大几倍后，视觉上便形成圆形的面。一个点单独存在的时候，它是静止的，若两个大小不一的点并排摆在一起，就会形成动态的感觉。两点连成线，三点组成面，面与面之间的三维空间关系便构成几何的具体形状。任何发型的变化，都是由发片在各点位置间的移动与发长的改变而产生的，所以想要精准地掌握几何剪法的基本元素，就必须对点、线、面的原理了解透彻。这样才能更有效地掌握发型的基本构架与美感。

根据头部骨骼的弧度曲线和发际线位置，将头部分为15个基准点（图5-17）。

（二）分区

分区可以更好地控制修剪步骤，分区和再分区通常由设计线、提升角度和方向的改变所决定。考虑到适当的发量调节，适合发质的分区裁剪，一般来讲，会将头部分成如下几个区域：前发区、侧发区、顶发区和后发区（图5-18）。利用四种基本层次的组合，依发型的变化分区修剪。可以创造出丰富的美发造型。发型的所有变化都离不开这四种基本型的组合变化，充分理解了四个基本型的构造，无论多么复杂的发型设计，都

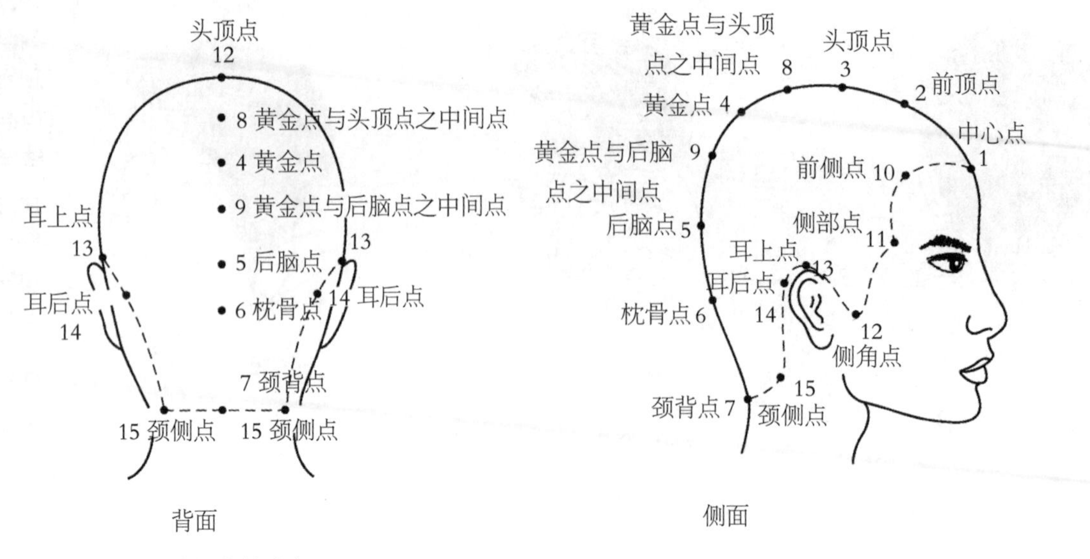

▲ 图5-17 头部的基准点

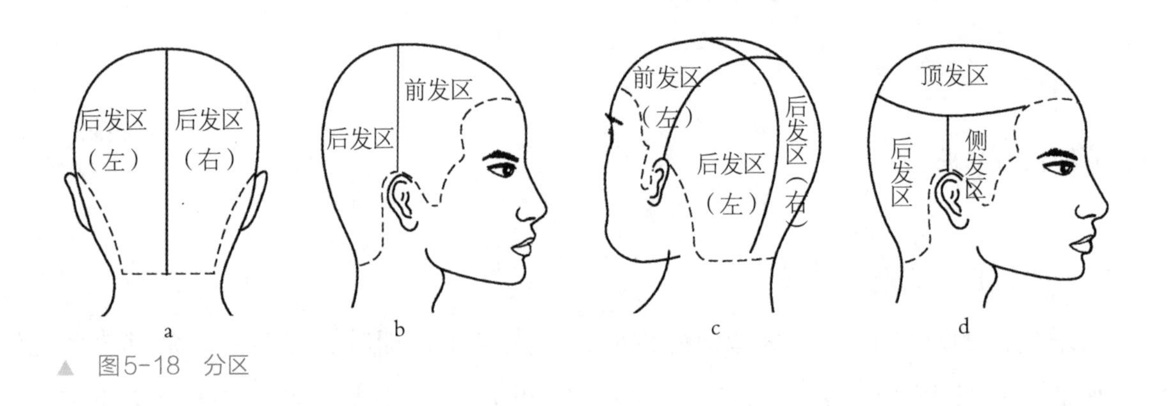

▲ 图5-18 分区

会变得很容易了解。

（三）分份

修剪时将发区再分，以便操作，分份皆与设计线平行。

通常修剪发型时的分份方法有四种：即水平分份、垂直分份、斜向分份和放射状分份（图5-19至图5-22）。

（四）方向

1. 自然方向

头发梳向自然地从头部下垂（图5-23）。

2. 垂直方向

头发梳成与分份线成90°（图5-24）。

3．偏移方向

头发的梳向与基本分份线呈垂直之外的任何方向，偏移通常在想夸张头发长度或对比的长度形状融合时使用（图5-25）。

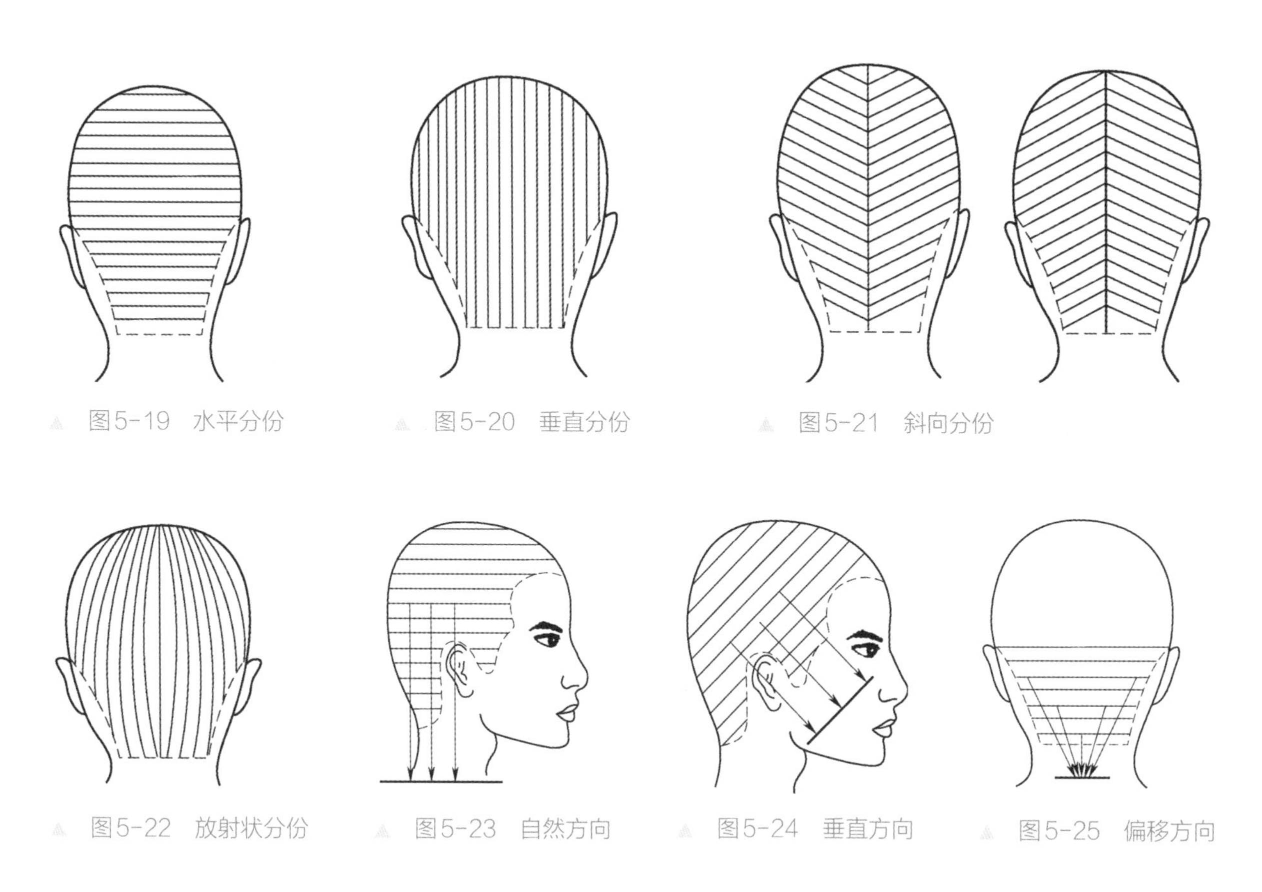

▲ 图5-19 水平分份　▲ 图5-20 垂直分份　▲ 图5-21 斜向分份

▲ 图5-22 放射状分份　▲ 图5-23 自然方向　▲ 图5-24 垂直方向　▲ 图5-25 偏移方向

（五）角度

此处指修剪时提拉头发与头部所形成的角度（图5-26）。提升角度决定修剪的长度安排，头发距离设计线越远，长度就会越长。提升角度不同，头发层次结构不同。头发提升角度在0°向下为0层次、小于等于45°为低层次、大于45°为高层次、等于90°为均等层次。

（六）发际线、基线、发式轮廓线

发际线、基线与发式轮廓线如图5-27所示。

（1）发际线：指头发生长的边缘线。具体操作时，因人、因发式而异。

（2）基线：是确定发式大小的一条标准线，它是推剪各种发式的基础线。一般可用与发际线之间的距离来测定它的位置。长发式大约35 mm（约两指宽）；短发式在40 ~ 50 mm之间。在操作时可根据不同情况做相应处理。

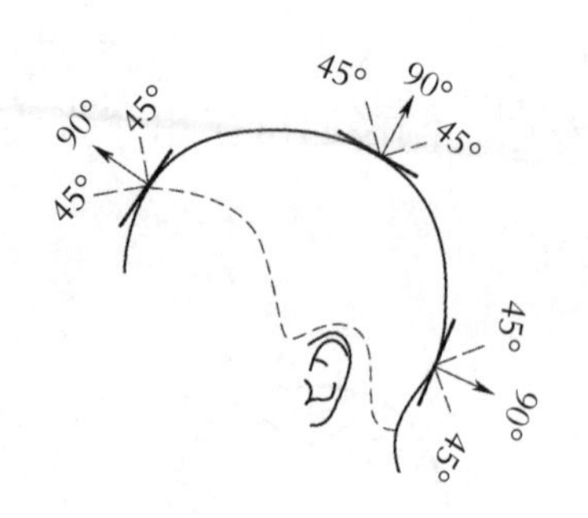

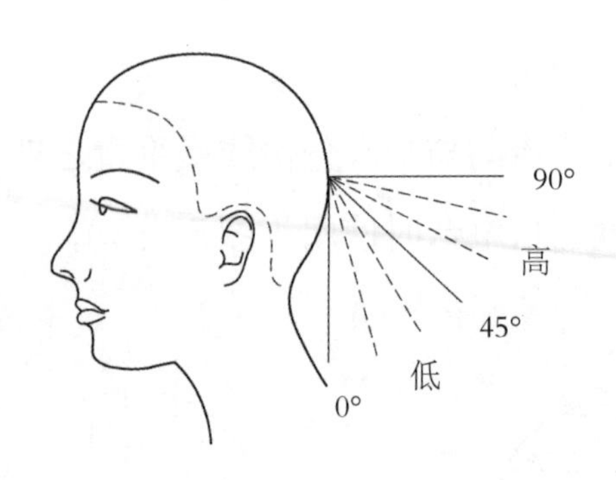

▲ 图5-26 发束角度

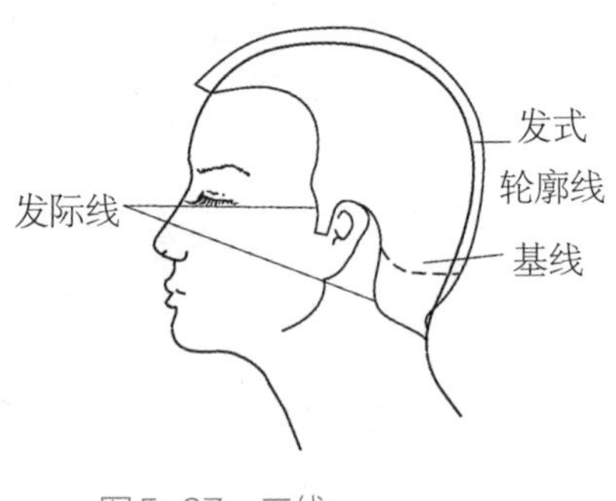

▲ 图5-27 三线

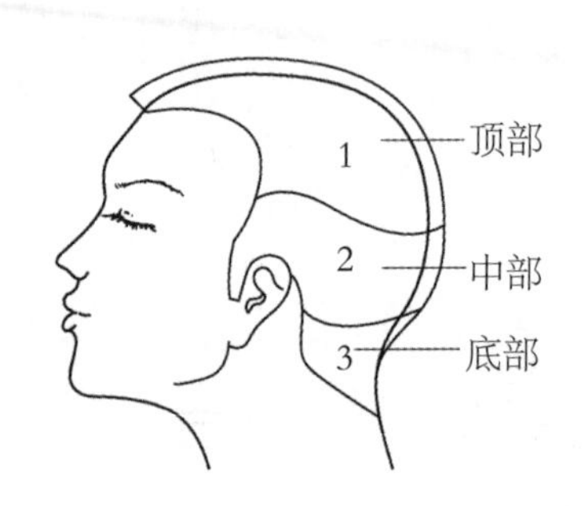

▲ 图5-28 三个部位

（3）发式轮廓线：指中茬和上茬衔接的边缘线。具体位置应结合发式、年龄、体态及头颅的大小、发际线的高低等因素加以考虑，因人而异适当调整。

正确掌握“三线”的起止点，有利于对发式的整体把握，使发式符合质量标准。根据各种发式轮廓线的位置，按头发生长情况以及颅骨和五官外形的位置，可把头发分为顶部、中部和底部三个部位（图5-28）。一般将短发类发式的底部（发际线与基线之间）称为底茬，中部（基线与轮廓线之间）称为中茬，轮廓线以上称为上茬。男式发型操作标准要求底茬清、中茬匀、上茬齐。

二、基础修剪技法

1．夹剪法

夹剪法（图5-29）也称抓剪法，操作方便是指手指夹住头发进行修剪的一种利用频率非常高的技法。夹剪时先用梳子按顺序分发片，将头发纵向或横向梳起，用左手中、食二指将梳起的发片夹住，随梳子拉直，与发根成所需的角度，梳到发式所需要的长度，沿着手背或手心进行剪切。沿手背剪叫外夹剪，沿手心剪叫内夹剪，一般用于确定头发长短和周围轮廓的层次。

技术要点：

（1）确定留发的长度，夹剪时手指适度夹住头发，不紧不松。

（2）夹起的每股头发要平直，夹剪的每股头发还要注意相互衔接，即要注意夹起每束头发的角度，避免脱节。

（3）要了解剪发角度与层次的关系。层次是指头发有序的排列，其发梢叠置成一定的坡度，它是发型结构中的重要组成部分。修剪头发的角度与层次有密切关系，一般常依据平行分发片线夹剪，形成层次。通过对不同部位进行不同角度的修剪形成不同的层次。

2．托剪法

托剪法（图5-30）是用梳子托起发片，依据发式的要求，保留所需的长度，剪掉多余的头发。这是剪刀与梳子配合最密切的修剪方法。

技术要点：

（1）托剪时剪刀与梳子配合要密切。梳子起引导作用，梳子托起一束发片，用剪刀剪去露在梳齿外的头发。剪切时，剪刀的不动刀刃与梳背保持平行，可剪得平齐。

（2）要正确掌握托起头发的角度。一般托起头发的角度大则层次高，托起头发的角度小则层次低。

（3）托剪时，托起的头发应与头部弧形轮廓相适应，按头部弧形轮廓剪切，使剪切线平圆。注意整体头发的衔接，不能有脱节现象。

3．剪尖剪法

剪尖剪法（图5-31）是用剪刀刀刃进行剪发的一种基本剪法，这是现代剪发发展出的修剪刀法，常用于修剪顶部头发和额前刘海。

技术要点：

（1）梳子梳起一股头发用手指夹住，剪刀垂直或略带斜角度。

（2）自上而下修剪头发的发梢，将发梢修剪成参差形或锯齿形，使发梢有自然参差感和轻飘感。

4．削剪法

削剪法（图5-32）是削刀或剪刀在头发上快速滑动，切断头发的剪法。削剪后发尖呈笔尖状，有轻盈感和动感。削剪通常用于修理层次、轮廓及削薄头发，对波浪形发

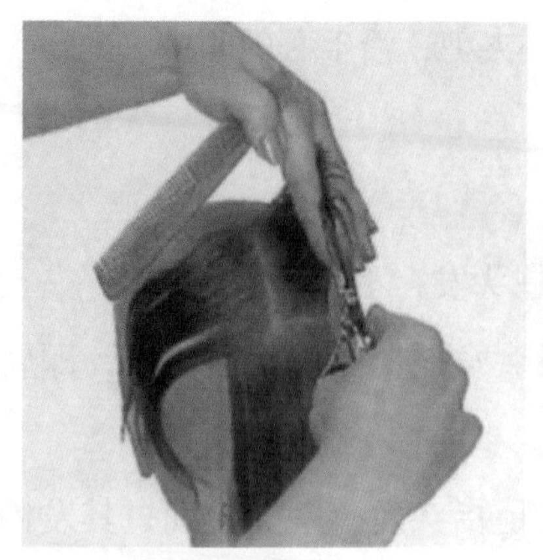

剪发的技法 ▲ 图5-29 夹剪法

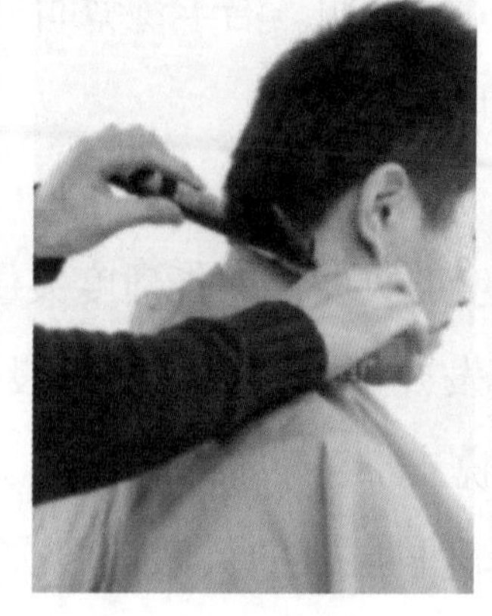

▲ 图5-30 托剪法

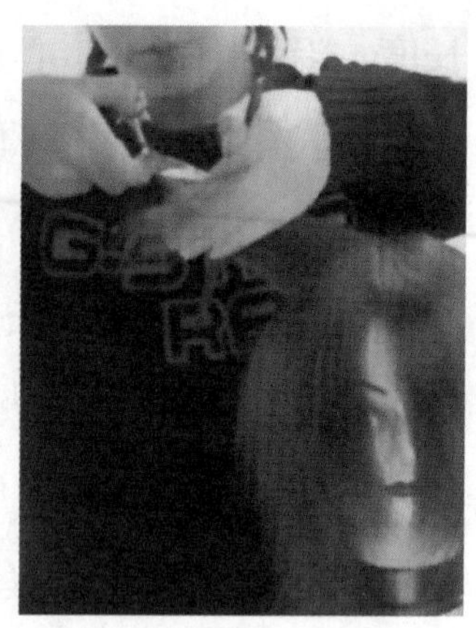

▲ 图5-31 剪尖剪法

型和具有轻飘感的发型更为适宜。

技术要求:

（1）削剪法其实是一种古式打薄法，现在主要运用在打薄头发、调整层次及修饰外线条上，需注意发梢方向控制，因为削发会影响发型的流向。

（2）削刀容易破坏头发的鳞状表皮及发质，所以削刀之刀片修完两个发型后就要更换，削刀不锋利会导致客户的发质严重受损。

（3）削剪时，削刀与头发的角度，一般以20°～45°为宜，角度大则笔尖形小，角度小则笔尖形大，角度过小，头发容易翻翘，同时也会损伤头发。削刀在头发上的滑动幅度，决定削去头发的多少和层次的高低。削刀滑动的幅度大，削去的头发多，形成的层次高；削刀滑动的幅度小，削去的头发少，形成的层次低。

5．压剪法

压剪法（图5-33）一般用于修剪颈部发际处短发，使其清晰整齐。

技术要点:

（1）用梳子梳顺并压住头发，用剪刀剪去露在梳齿外的短发。

（2）压剪时梳子可紧贴皮肤修剪短发，也可将梳子略离开皮肤轻压头发，修剪出轮廓线。

6．点剪法

点剪法（图5-34）是指用剪刀在发片上间隔点剪，营造出透空的效果。点剪法是一种让头发密度减低的剪法，点剪的高度不一样会产生不同的效果。

技术要点:

（1）点剪在发根时，会让头发密度直接减少。

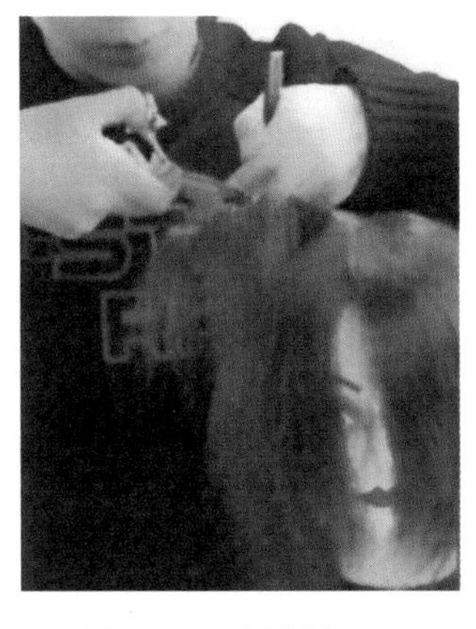
▲ 图5-32 削剪法

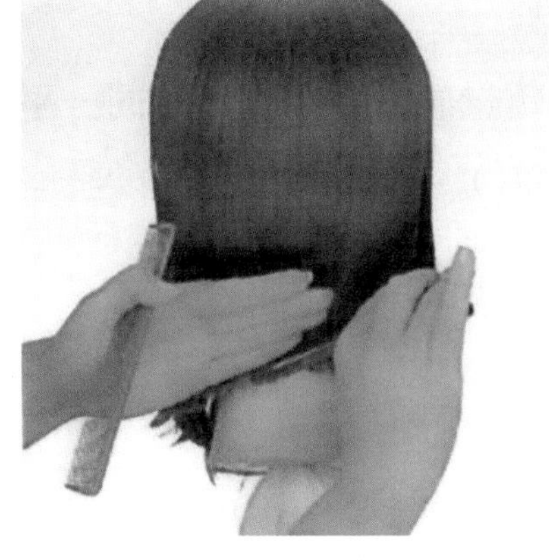
▲ 图5-33 压剪法

▲ 图5-34 点剪法

（2）点剪在发长中间时，会让头发增加动感及层次感。

（3）点剪在发尾时，会让发尾呈现不规则的线条感和穿透感。

7．滑剪法

▲ 图5-35 滑剪法

滑剪法（图5-35）是一种快速滑剪连接极长距离的剪法，是一种使头发不会失去太多的量但又能保持发长的技巧，这种技巧通常运用在打薄头发上，滑剪打薄时会让头发呈现一种轻微的连接感和方向感。把剪刀轻微张开，从发束上滑过，使发尾产生轻柔飘顺的条状效果，可用于制造层次以及调整色调。在运用时，应注意其流向的方向。

技术要点：

（1）上挑式滑剪：将发片或发束提升至较高的角度，从内侧向上滑剪，使发片的内侧产生轻薄的感觉。

（2）下滑式滑剪：对发束的表面进行处理，使发尾产生轻而尖的效果。

（3）扭式滑剪：将发束扭成绳状，进行向下滑剪，可使发尾产生笔尖状的效果。

三、层次修剪技法

随着时代的发展，多样化的修剪技术理论应运而生。最基本的操作过程是先把头部分成几个区域，了解和掌握各个分区位置的重点和名称，随后掌握几种层次的修剪技法并灵活运用，制作出适合顾客需求的发型。

（一）零度层次修剪

剪切出来的发尾叠置有很强的重量感，剪切点落在同一平面上，主要运用在发线上，头发自然向下零度剪切（图5-36）。

操作步骤：（1）将全头分区。

（2）按区分发份。

（3）剪切引导线。

（4）分层向下按引导线进行零度剪切（图5-37）。

（二）低层次修剪

剪切出来的发尾叠置有一定的重量感，发长呈上长下短状态。主要运用在发线上，修剪头发时提升角度在0°～45°（图5-38）。

低层次修剪

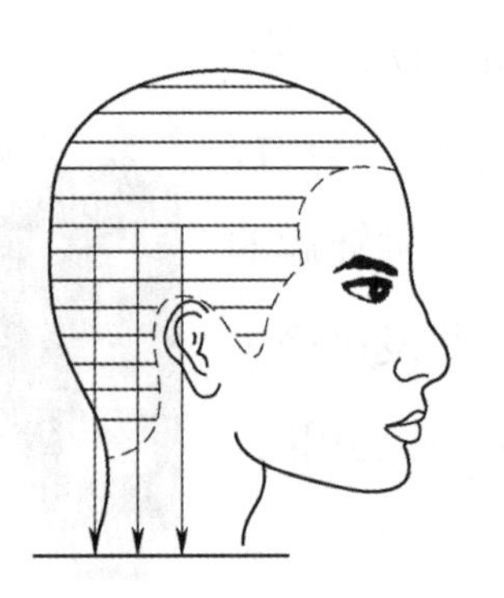
▲ 图5-36 零度层次结构

▲ 图5-37 零度层次修剪发型效果

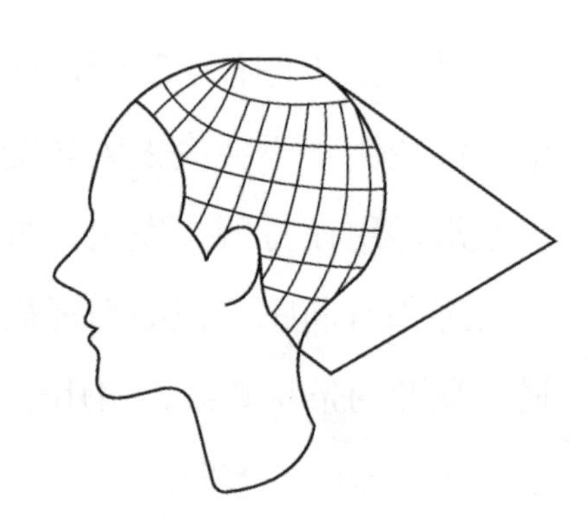
▲ 图5-38 低层次结构

操作步骤：（1）将全头分区。

（2）按区分发份。

（3）剪切引导线。

（4）根据发型要求，分层提拉45°以下的角度并依据引导线剪切至后枕骨（图5-39）。

（三）高层次修剪

剪切出来的发尾叠置有一定的轻盈感，发长呈上短下长状态。主要运用在发线上，修剪头发时提升角度在45°以上（图5-40）。

操作步骤:（1）将全头分区。

（2）按区分发份。

（3）剪切引导线。

（4）根据发型要求，分层提拉45°以上的角度剪切，制造发型效果（图5-41）。

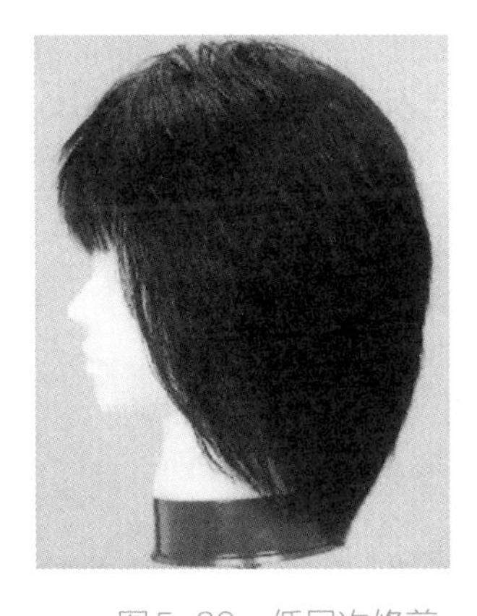
图5-39 低层次修剪发型效果

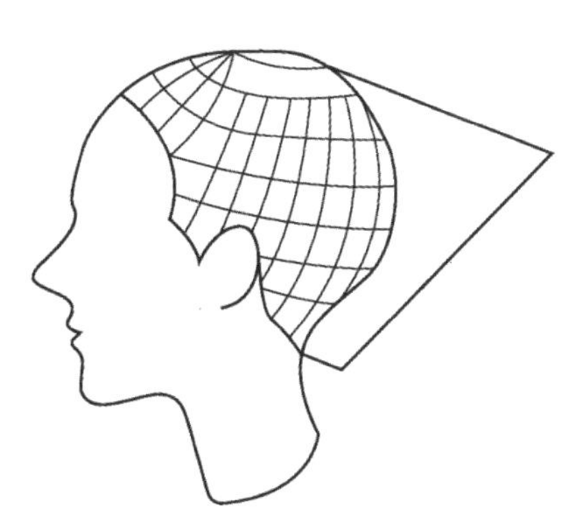
图5-40 高层次结构

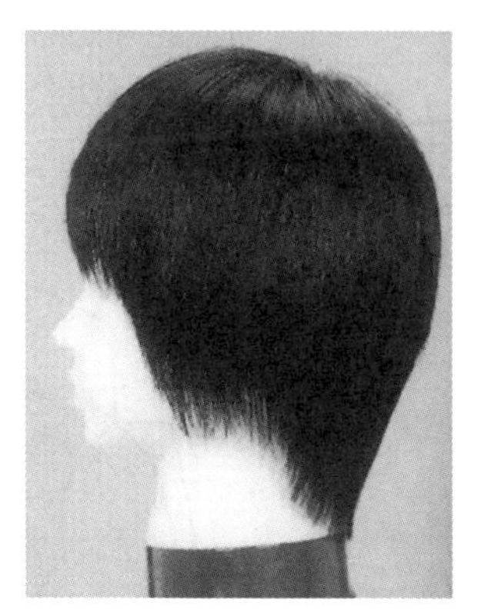
图5-41 高层次修剪发型效果

（四）均等层次修剪

剪切出来的发尾叠置非常轻盈，发长呈均匀长度。主要运用在发线上，修剪头发时提升角度在90°（图5-42）。

操作步骤:（1）将全头分放射状弧线。

（2）剪切引导线。

（3）均匀分片提拉90°剪切，制造发型效果（图5-43）。

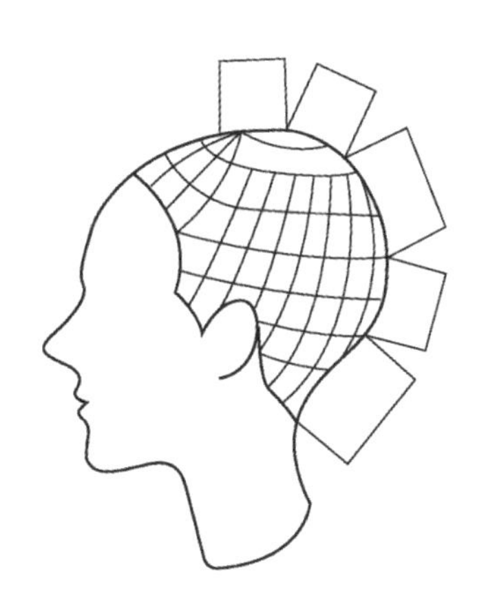
图5-42 均等层次结构

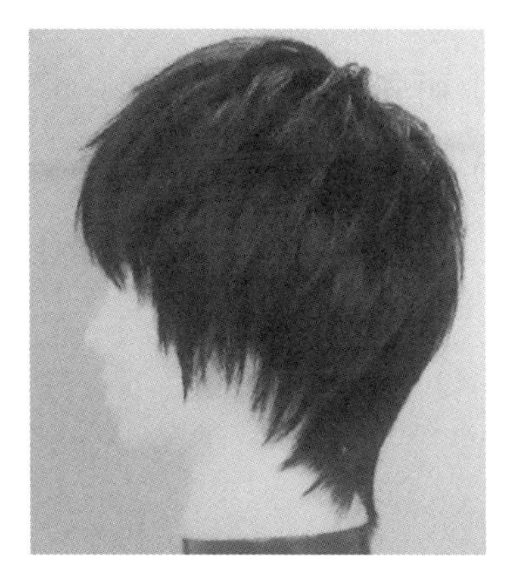
图5-43 均等层次修剪发型效果

剪发层次

（五）混合层次修剪

发型师在创作发型时，最终要根据顾客的各方面因素，运用多种层次剪裁方式设计制作发型（图5-44）。

操作步骤：（1）将全头按发型要求分区。

（2）按区分发份。

（3）剪切引导线。

（4）根据发型需求变化不同的角度剪切，制造发型效果（图5-45）。

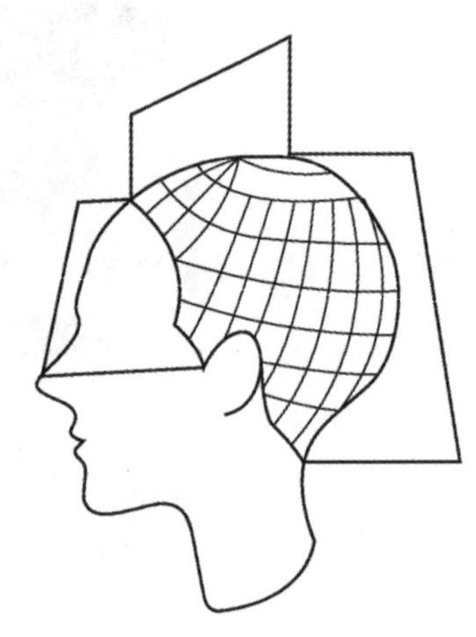

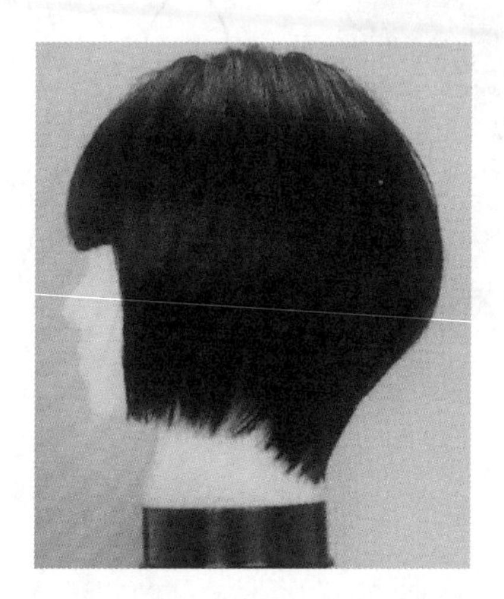

▲ 图5-44 混合层次结构

▲ 图5-45 混合层次修剪发型效果

（六）寸发

发型师在修剪寸发时，最终要根据顾客的各方面因素，运用多种层次剪裁方式设计制作发型。配合顾客发质、脸形，运用推剪结合技巧制作出清爽、精干、有特色的一款男式寸发。

操作步骤：（1）将发根吹直立成90°（图5-46）。

（2）可先水平推剪顶部，留发长1寸左右（图5-47）。

（3）再从后发际和鬓角分别向顶部边缘线找准推剪出头顶水平、顶部轮廓方形、四周轮廓圆润与顶部轮廓衔接成方的圆寸发型（图5-48a ~ d）。

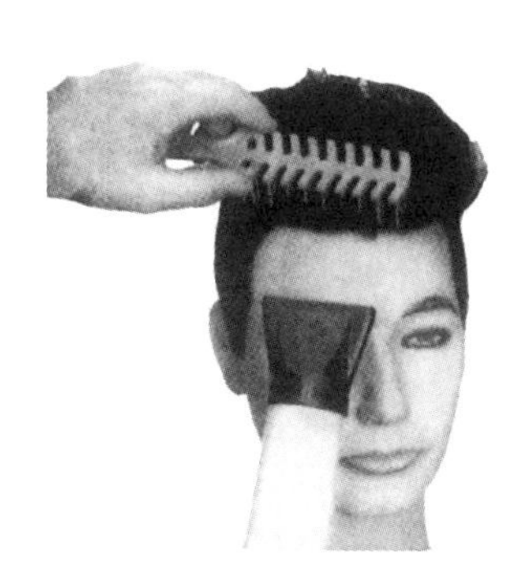

▲ 图5-46　吹发根

▲ 图5-47　推剪顶部

a

b

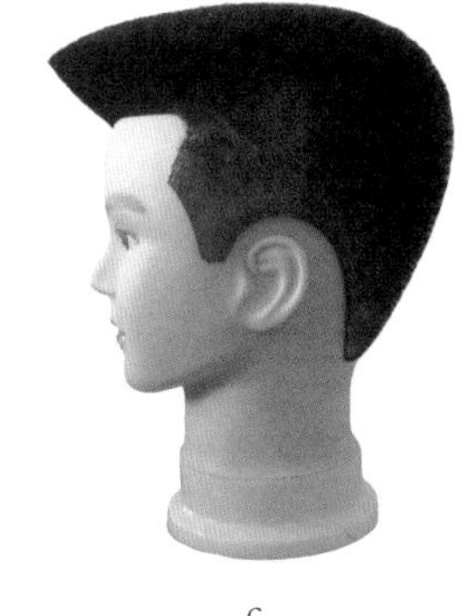

c

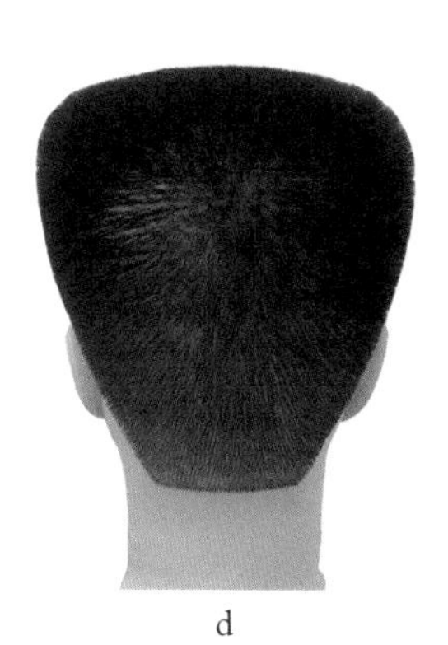

d

▲ 图5-48　寸发发型效果

想一想

1. 剪发层次有哪些类型？有什么特点？
2. 剪发工具有哪些种类？有什么特点？
3. 基本层次结构表现形式是什么？
4. 男发“三线”含义是什么？
5. 男式剪发的质量标准是什么？
6. 女士发型如何分类？
7. 女式剪发的质量标准是什么？

练一练

请运用混合层次剪法给一位45岁女士制作一款适合的发型。

第六章

烫发与造型

烫发是通过物理作用和化学反应，使头发卷曲变形。烫发的种类很多，有电烫、蒸汽烫、陶瓷烫、化学烫等。随着时代的进步、科学技术的发展，烫发工具有了很大改进，烫发药水也不断地更新换代；烫发的每道工序都与整体的质量紧密相连，各道工序之间又密切相关。因此，美发师要熟悉烫发的原理、烫发的操作方法和特点。

第一节 烫发的基本知识

一、烫发的目的

1．为头发的发式造型做补充。

2．为改变直线条效果，体现不同的曲线美。

二、烫发的产生

古埃及的象形文字和壁画都有佩戴波浪形假发的记录，这说明人类自古已有了烫发的技术，最初的烫发方法是：在头发上抹上一种稀泥之后，将头发卷在小棍上，晒干后，将头发上的泥土弄掉，头发就卷了起来。

在法国巴黎一家理发店当学徒的德国人长尔·涅斯列尔，在实践中发现，往头发上洒些碱性溶液，再用烧热的金属筒，将头发卷起，就可以较长时间地保持卷成的发型。随后，他又在1909年制成了更为轻巧的电热卷发筒，从此烫发业渐渐兴旺起来。这是一个伟大的创举，长尔·涅斯列尔也因此被人们誉为现代烫发之父。

三、烫发的原理

烫发是通过物理作用与化学作用使原来的头发变形变性的过程。

1．物理作用

就是将头发卷绕在烫发棒上，利用拉力使它形成一定的弯曲度，也就是给头发施加机械力。

2．化学作用

是指利用烫发药水中的化学成分使头发内部的结构重新排列，保持卷绕时所形成的卷曲，然后利用化学中和作用使烫发药水的作用停止，并将头发的卷曲状固定下来。

四、烫发的必备工具

（1）卷杠工具。

（2）烫发剂、烫前护理液。

（3）毛巾。

（4）托盘。

（5）保鲜膜。

（6）烫发梳、烫发纸、喷水壶。

五、标准排列方法

（1）十字排列（图6-1）。

（2）砌砖排列（图6-2）。

适用于短发和发量较少的人，烫完之后卷花较多。

注：老年人使用此方法较多。

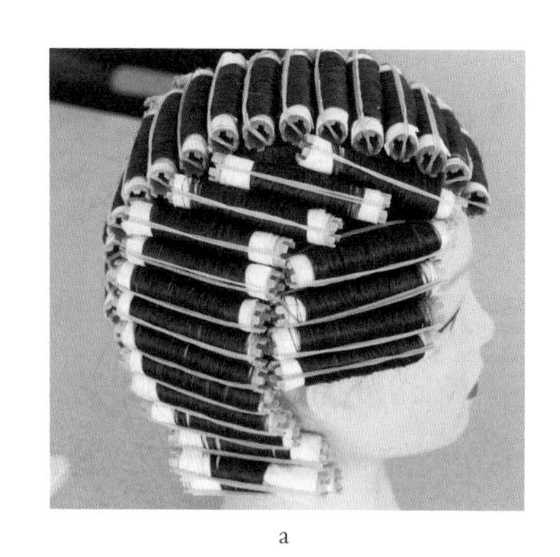

a

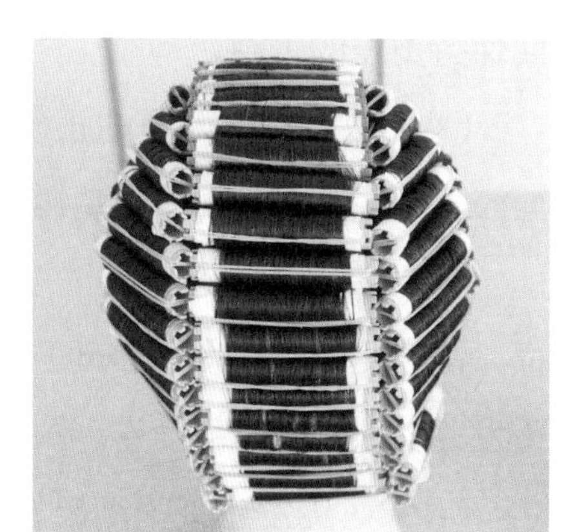

b

图6-1　十字排列

a

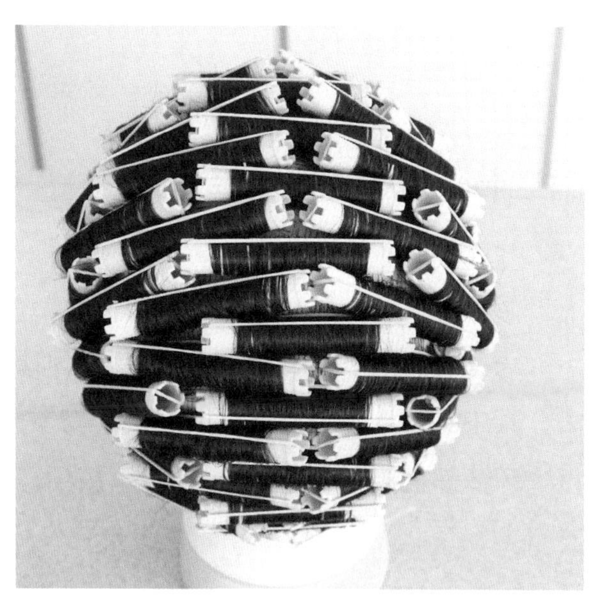

b

图6-2　砌砖排列

六、烫后护理与造型

（1）烫发后应给头发补充一些蛋白质和水分，可以有针对性地选用洗发液、护发素以及补充营养的精华素，做护理性焗油也是不错的选择。

（2）为了保持烫发的光泽和活力，烫发当天不宜用力梳理头发，以免破坏尚未完全定型的某些固发结构，使新烫的发型走样。

（3）烫发后3天内尽量避免使用卷发棒及电卷发器，并尽可能不洗发，有助于长期保持烫发的美观。

（4）烫发后，梳理的正确办法是使用宽齿梳先梳开打结的头发，避免用力拉扯。最好不要用塑料梳，因为塑料梳产生的静电较大。

（5）烫发后不必每天洗发，洗发时，不应用力揉搓头发，因为这样头发很容易受损，洗后尽量让头发自然风干。如使用吹风机，不要用高温吹风机，最好用大风筒，使烫发蓬松而又不弄乱发卷。

（6）在头发还有些潮湿的时候，就把卷发弄成你想要的样子，涂抹造型用品时，可以把头发绕在手指上用吹风机吹干或自然干，就会出现优美的卷曲效果。卷发后干燥过程中，尽量不要再做造型，以保持自然发型。

第二节　基础烫发与造型

头发卷曲效果的好坏，取决于美发师是否理解了烫发的原理，掌握了烫发的基本方法，其中头发的质量，发杠的使用，卷发的方法，烫发的时间，都是不可忽视的环节，每一环节都直接影响头发卷曲和造型效果。

一、短发烫发与造型程序

短发烫发与造型程序如下：

（1）接待服务（图6-3）。

（2）鉴别发质（图6-4）。

用手触摸和用眼睛观察客人的发质（抗拒、正常、受损发质），根据发质选择相应的烫发药水。

（3）洗发。使用碱性洗发液，不用护发素（图6-5）。

（4）修剪。根据发型所需长短，修剪到一定长度（图6-6）。

（5）卷杠。根据发型所需进行合理分区（图6-7）。

（6）涂烫发剂。先在发际线周围围上毛巾或棉条，再涂烫发剂，最少涂两遍（图6-8）。

（7）加热（图6-9）。包裹保鲜膜、戴塑料帽，防止药水过快挥发、氧化，而降低效能，根据发质控制烫发加热时间，一般为8 ~ 20分钟，冷却3 ~ 5分钟。

（8）带杠冲洗（图6-10）。涂中和剂前用温水冲洗2 ~ 3分钟，然后用毛巾吸取水分。

a

b

图6-3　接待服务

图6-4　发质鉴别

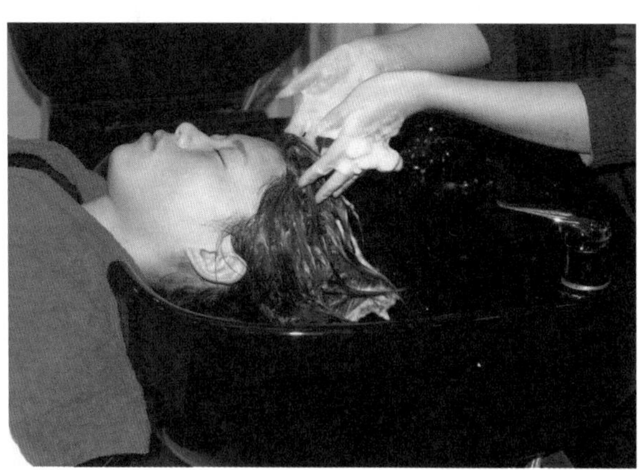

图6-5　洗发

▲ 图6-6 烫前修剪

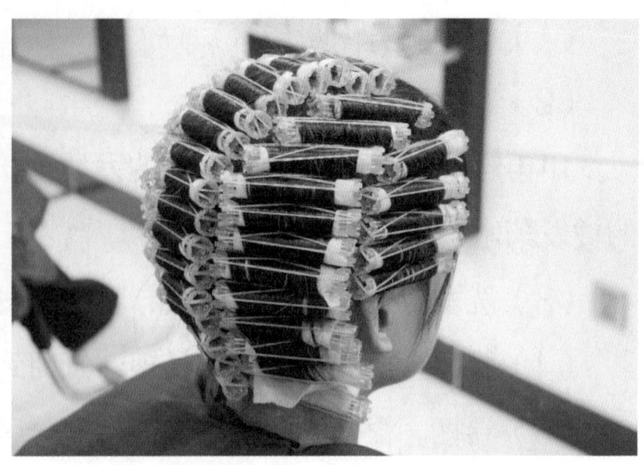

▲ 图6-7 卷杠

▲ 图6-8 涂烫发剂

（9）涂中和剂（图6-11）。最少涂两遍，停留10分钟左右，可不戴塑料帽。

（10）拆卷冲洗（图6-12）。从下而上逐层拆下所有的烫发杠，将头发冲洗干净，施放护发素，按摩头部2～3分钟后，用温水洗干净。

（11）调整造型（图6-13）。用吹风机烘干头发，可施放饰发品如弹力素进行造型。

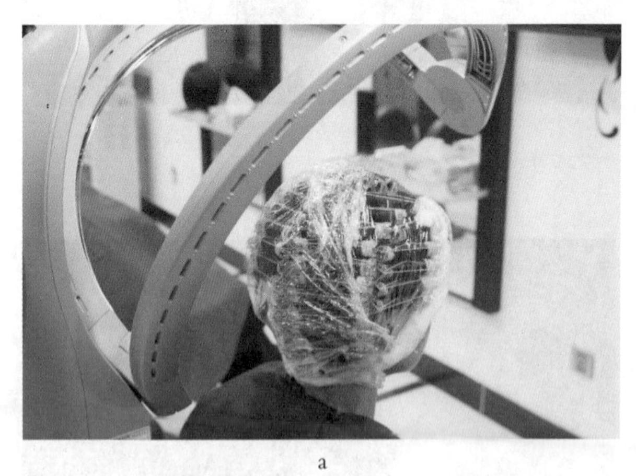

a

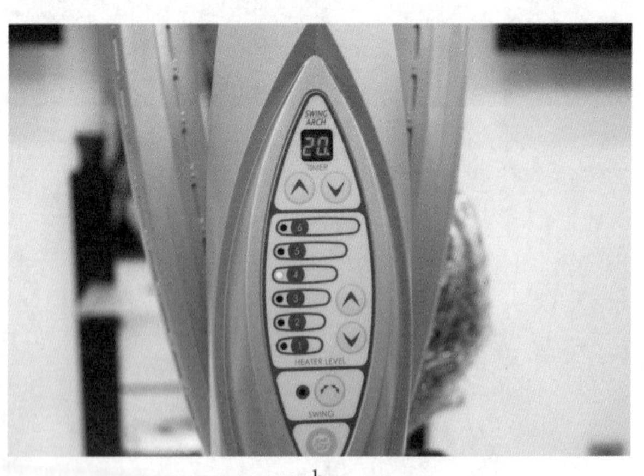

b

▲ 图6-9 加热

图6-10 带杠冲洗

图6-11 涂中和剂

a

b

图6-12 拆卷冲洗

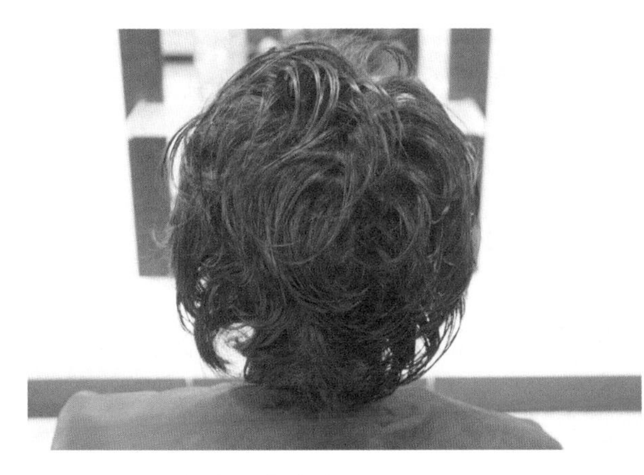

图6-13 短发烫发造型

二、注意事项

1．注意观察

加热时多观察顾客的反应，如是否出现头皮疼痛或皮肤过敏。如果顾客较多，可提醒顾客如有不适请告之。

2．注意涂烫发剂

上药时，药水不能流到顾客的皮肤上，以免刺激、损伤皮肤，也不能流到衣服上，以免使衣服褪色。另外，烫发前要认真阅读烫发剂的说明书。

第三节　特殊烫发与造型

一、中长发烫发与造型程序

中长发烫发与造型程序如下：

1．接待服务

同短发烫发与造型程序。

2．鉴别发质

用手触摸和用眼睛观察客人的发质（抗拒、正常、受损发质），根据发质选择相应的烫发药水（图6-14）。

3．洗发

使用偏碱性洗发水，不用护发素（图6-15）。

4．烫前修剪

根据发型所需长短，修剪到一定长度（图6-16）。

5．卷杠

根据发型需要进行合理分区（图6-17）。

6．涂烫发剂

先在发际线周围围上毛巾或棉条，再涂烫发剂，最少涂两遍（图6-18）。

7．包裹保鲜膜、戴塑料帽

防止药水过快挥发、氧化，而降低效能（图6-19）。

8．加热

根据发质控制加热时间一般为10 ~ 20分钟，冷却3 ~ 5分钟（图6-20）。

▲　图6-14　鉴别发质

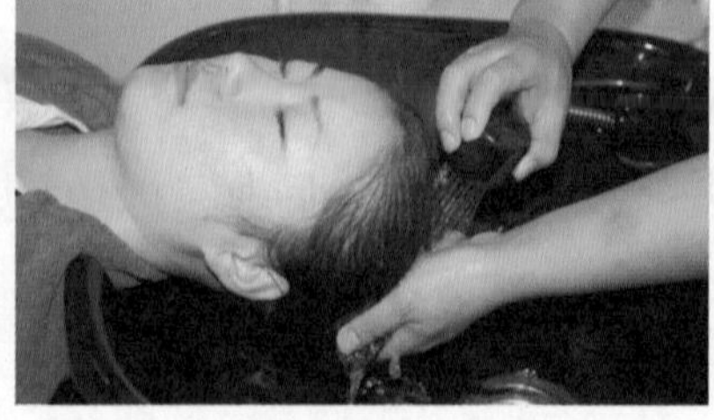

a

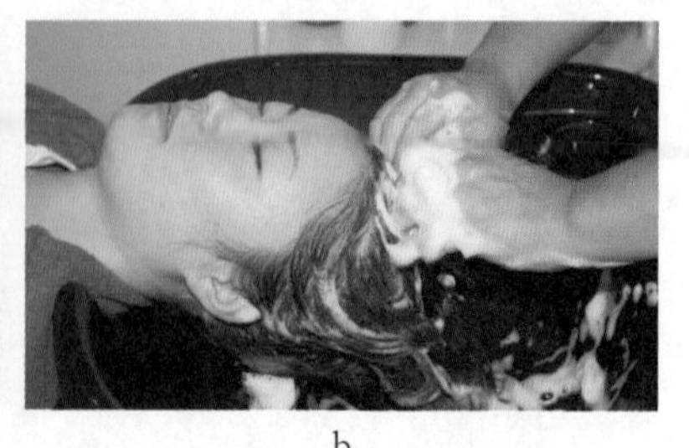

b

▲　图6-15　洗发

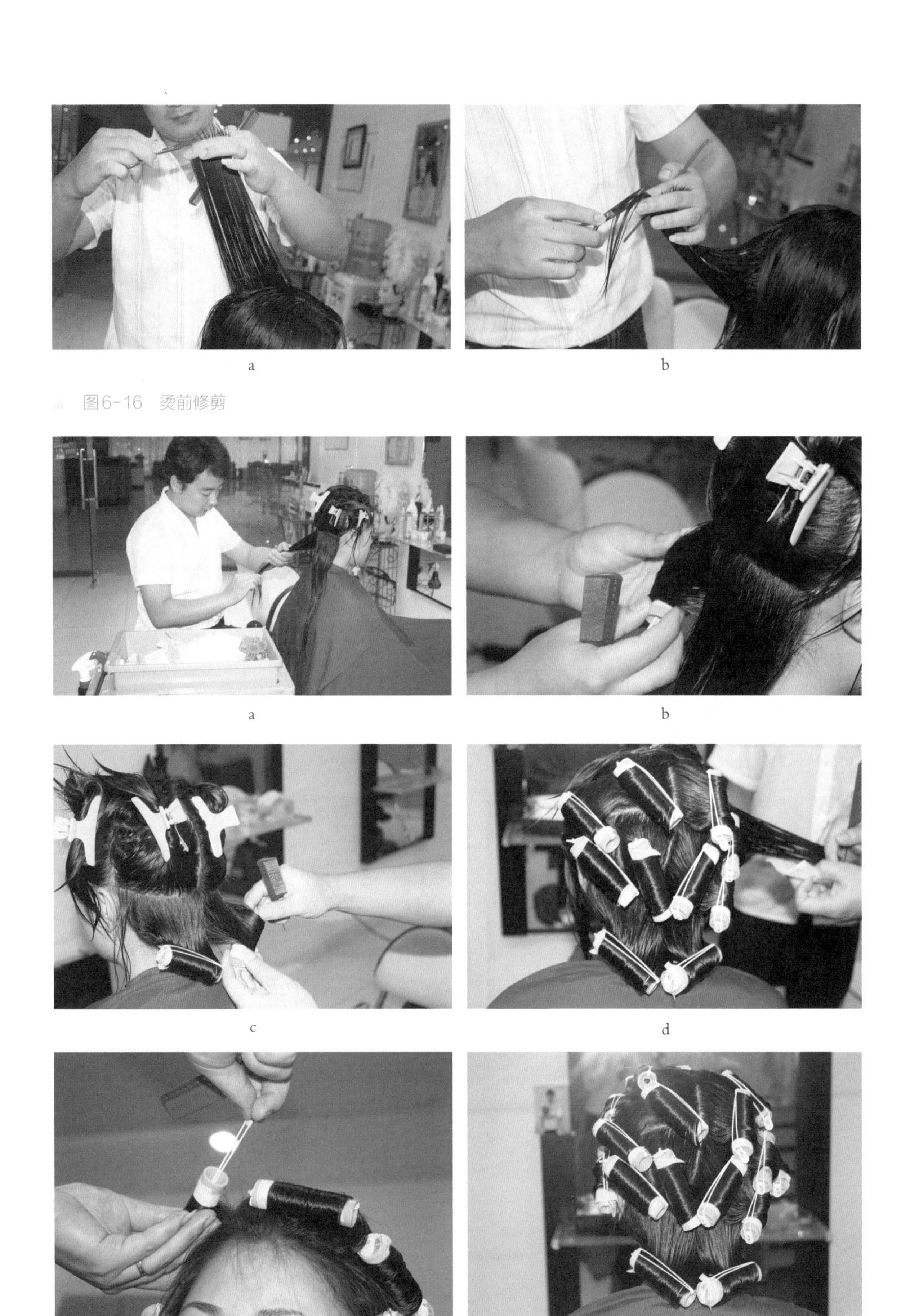

a　　b

图6-16　烫前修剪

a　　b

c　　d

e　　f

图6-17　卷杠

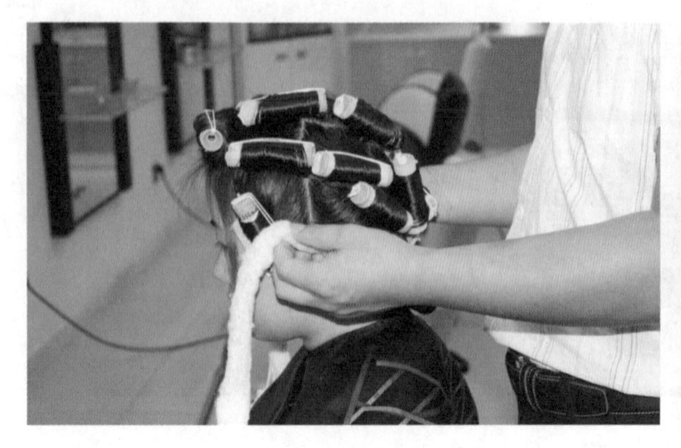

a

b

▲ 图6-18　涂烫发剂

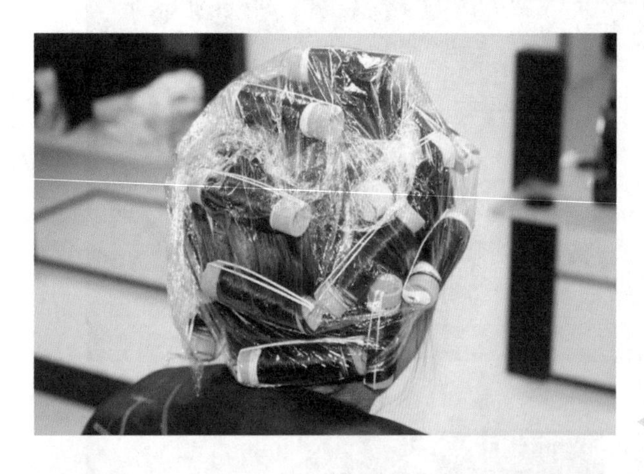

◀ 图6-19　包裹保鲜膜、戴塑料帽

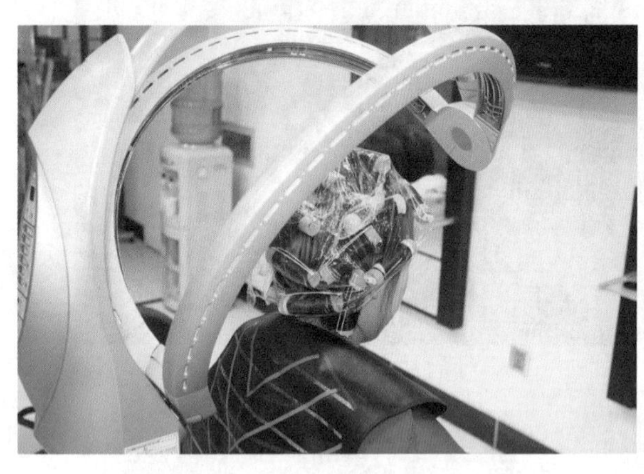

a

b

▲ 图6-20　加热

9．带杠冲洗

涂中和剂前用温水冲洗2 ~ 3分钟，然后用毛巾吸取水分（图6-21）。

10．涂中和剂

最少涂两遍，停留10分钟左右，不用戴塑料帽（图6-22）。

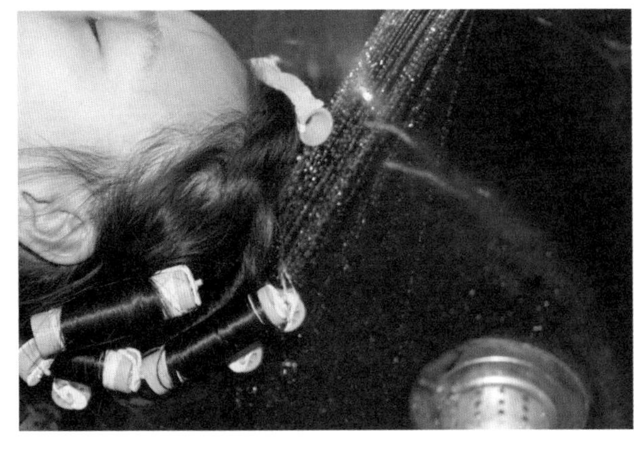

图6-21　带杠冲洗

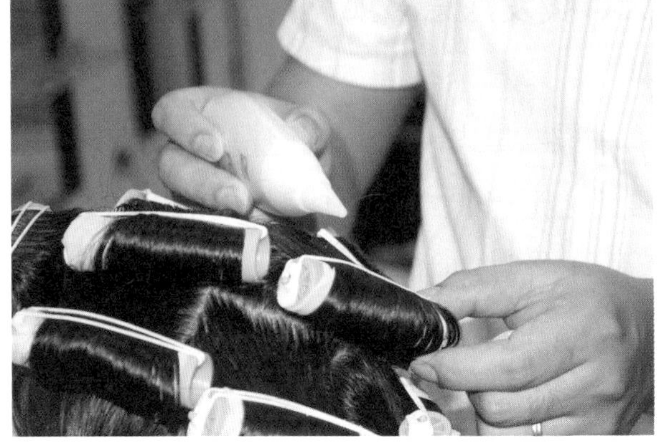

图6-22　涂中和剂

11．拆卷冲洗

从下而上逐层拆下所有的烫发杠，将头发冲洗干净，施放护发素按摩头部2 ~ 3分钟后，用温水洗干净（图6-23）。

12．调整造型

用吹风机烘干头发并造型。可施放饰发品如弹力素进行造型（图6-24）。

a

b

图6-23　拆卷冲洗

图6-24　长发烫发造型

卷杠

二、烫发注意事项

烫发是由一连串的工序组合而成的，每一道工序看起来都很普通，但进行操作时都要小心适当，才能产生良好的效果，下面是需要注意的一些事项：

1．掌握时间

（1）烫发剂含量高，则时间短；含量低，则时间长。

（2）软、松、细的头发时间短，粗、硬、油发时间长。

（3）大卷曲时间短，小卷曲时间长。

2．多观察

加热时多观察顾客的反应，如是否出现头皮疼痛或皮肤过敏等。如果顾客较多，可提醒顾客如有不适请告之。

3．按规程上药

上药时，不能流到顾客的皮肤上，以免刺激、损伤皮肤，也不能流到衣服上，以免使衣服褪色。另外，注意认真阅读药剂的说明书。

4．认真观察与分析

烫发前，必须仔细观察分析顾客头皮和头发情况。

（1）头皮的状况：仔细检查有无擦伤，有无外伤和病症，如有，必须等条件改善后才能烫发，否则易造成危险后果。

（2）头发的质地：一般指头发的粗细，其决定了烫发的时间和烫发卷的大小。

（3）头发的密度：头发较多用大杠；头发较少用小杠，因大杠的拉扯力易使头发断裂。

（4）头发的长度：一般中长发，烫发不会有大问题；头发过长，可用肩背式烫发（双重烫发）。

第四节　仪器烫发与造型

随着科技的进步，在美发中占有主导地位的烫发有了革命性的发展，它一改人们对冷烫的认识，使烫发具有更高的技术含量，这就是近几年中业界兴起的陶瓷烫。陶瓷烫对发质具有修护作用且烫发后易于打理，使其成为时尚女性的首选。因为电脑控温陶瓷烫的操作具有很高的技术要求，所以在初期操作时往往会产生较多的问题，需要格外加以重视。

一、陶瓷烫烫发与造型程序

陶瓷烫烫发与造型程序如下：

1．发质鉴定

做过金属染的和非常细软的发质尽量不要做陶瓷烫。

2．修剪发型

要求发丝长度不短于肩部，基本层次要求不低于90°的均等以上层次（图6-25）。

▲ 图6-25　修剪发型

3．涂抹软化剂

软化程度可以通过拉力、弹力及时间的控制进行考察。表6-1为软化剂涂抹对比表（图6-26）。

4．卷杠

将软化剂冲净，上隔热油，进行卷杠，卷杠数量控制在25根左右（图6-27）。

表6-1　软化剂涂抹对比表

发质	软化剂	软化程度/%	拉力测试/倍	弹力测试	加热参考时间
抗拒发质	原液	100	1.5	3～5圈不弹开	20～25分钟
一般发质	原液	80	1	3圈不弹开	10～20分钟
严重受损发质	先用隔热油，再用软化剂	60	1/3	“S”形不弹开	10～15分钟

▲ 图6-26 涂抹软化剂

5．加热

时间不要超过25分钟。可分次加热，先加热10分钟，再冷却5分钟，再进行第二遍加热，10分钟即可（图6-28）。

6．定型

换杠定型，换杠后用相同大小的杠子固定好圈度，发尾要夹紧，之后上定型。定型

a

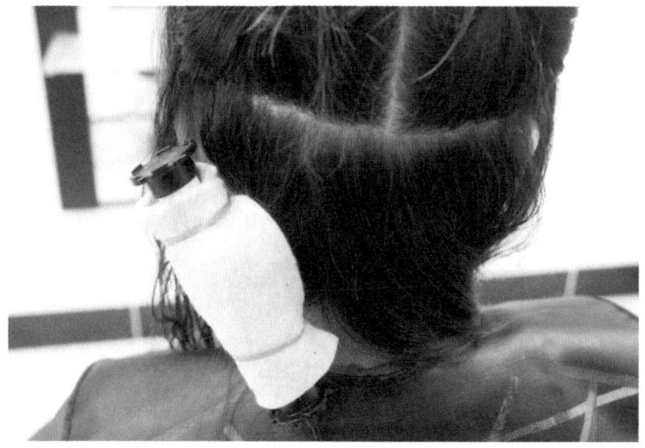

b

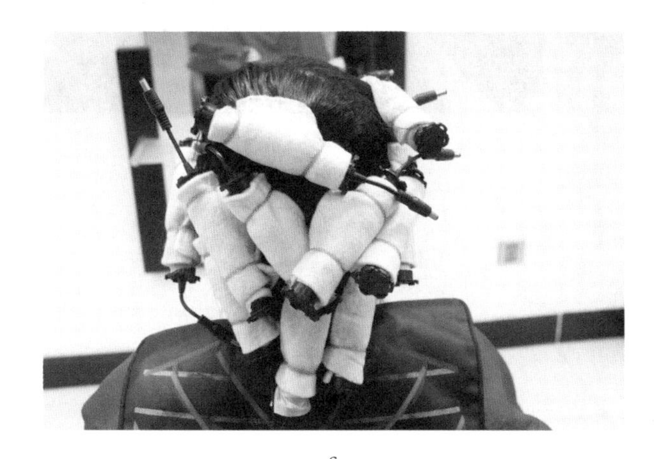

c

图6-27　卷杠

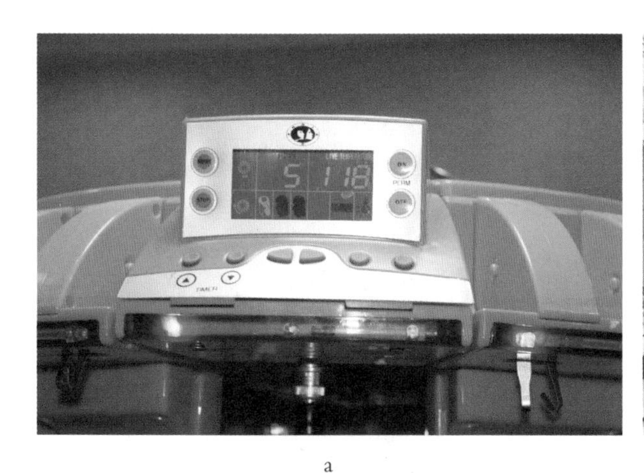

a

b

图6-28　加热

时间20分钟，可设定为各10分钟的两次定型（图6-29）。

7. 冲洗

使用烫后护理剂或护发素轻揉3 ~ 5分钟，冲净，水温控制在35 ~ 40℃（图6-30）。

8．造型

把头发擦至不滴水时，涂上护发精华素，用风罩烘干或自然晾干（图6-31）。

a

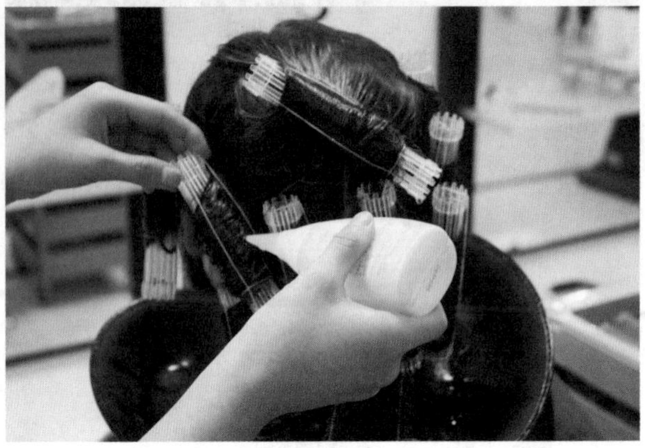
b

▲ 图6-29 定型

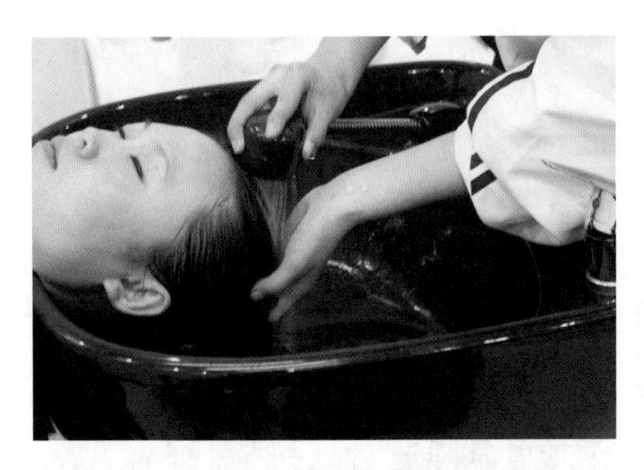

▲ 图6-30 冲洗

a

b

▲ 图6-31 仪器烫发造型

二、注意事项

（1）操作完之后告诉顾客在72小时内不要洗发、护发、染发。

（2）拉力测试：把软化过的头发，挑几根拉出来，再慢慢地松回去，若所拉出的发丝中间有连续的细小卷度，就表示软化成功。

（3）弹力测试：取一小束头发，擦掉多余水分，在手上绕出相应的圈数，若不弹开就表示成功。另需说明的是弹力测试只是拉力测试的辅助手段。

想一想

1. 烫发的目的是什么？
2. 烫发的原理是什么？
3. 头发的基本结构是什么？
4. 卷杠的要求是怎样的？
5. 烫发的操作程序是怎样的？
6. 烫发卷杠如何选择？
7. 烫发易出现的问题有哪些？
8. 烫发注意事项有哪些？
9. 烫发质量的衡量标准是什么？

练一练

1. 练习砌砖排列烫发操作。
2. 练习时尚排列烫发操作。
3. 练习陶瓷烫烫发操作。

第七章

吹风与造型

发式成型效果如何，与发型的长短、层次结构、色彩、纹理形态等有密切的关系，吹风造型是发型制作过程中的最后一道工序。

烫发之后，要将头发梳理成型，使发型优美、自然、持久，并需经过二次造型，即盘卷与梳理。本章主要介绍盘卷、吹风与造型。

第一节　盘卷

一、盘卷的目的

盘卷是在卷发或直发上进行的，根据发式造型的要求盘卷成形状不同、大小不一的发圈，再通过梳理产生各种各样的发型。盘卷让发型有更多的变化，更加有创意、更加独特新颖。

1．盘卷的分类

盘卷分为两类：平放式盘卷和直立式盘卷

从发根做平放的盘卷，效果是：贴靠的发型，发卷较小、富有弹性、蓬松披落（图7-1）。

发梢向内或外的平放盘卷。效果是：有平滑发梢贴靠的发型。在每行变换盘卷的方向，即可做出清晰、整齐的大波浪（图7-2）。

发根竖立于头皮的直立盘卷，可用于做丰满竖立的发型（图7-3）。效果是：贴靠的发型，发梢向外翻翘的，丰满的大波浪。

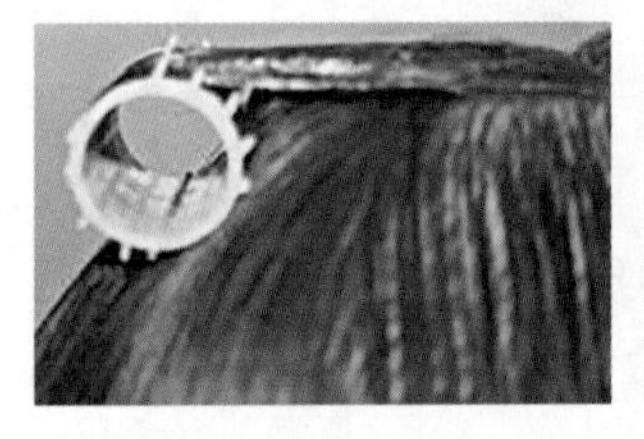

a

b

▲ 图7-1　平放盘卷

▲ 图7-2　发梢向内的平放盘卷

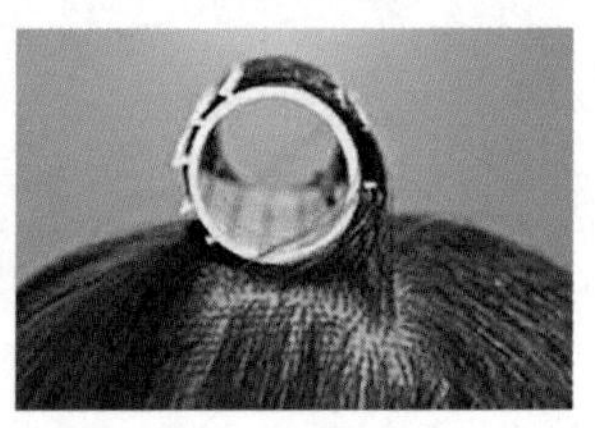

▲ 图7-3　直立盘卷

2．注意事项

（1）盘卷方式的采用要结合顾客脸形。

（2）盘卷要注意发圈与发圈的毗邻关系。

（3）要注意盘卷操作的细节。

3．烘干时间

根据发质的不同，掌握在20～30分钟。

4. 烘干温度

要灵活掌握风速及温度。

5. 冷却后，拆下发卡，检查与拆卷。

6. 用钢丝刷梳理波浪。

二、盘卷的方法

（一）从发根处开始做平放的盘卷

1. 练习要点

（1）盘卷的排列顺序应根据设计的发型而定。

（2）盘卷适合各种类型的头发。

2. 所用工具及辅助用品（图7-4）

（1）练习头，支架。

（2）分针梳。

（3）发卡（卡针）。

（4）喷壶。

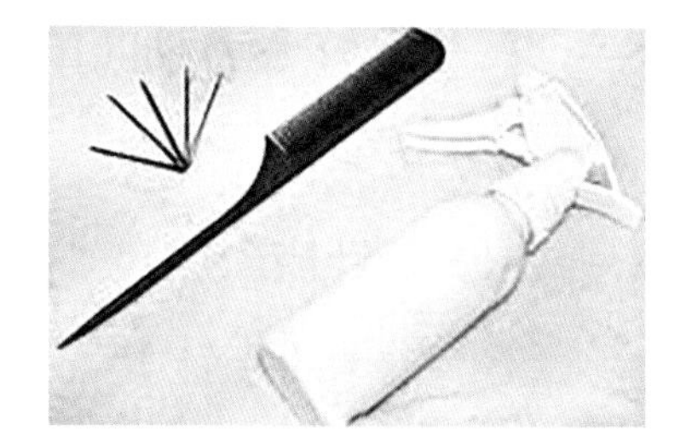

▲ 图7-4 盘卷工具

3. 操作步骤及方法

（1）将潮湿的头发整齐地分出一股约2 cm宽，3 cm长的发束，也可根据所需发卷的大小分取发束，梳理通顺。左手持发束的发梢部位，右手食指放在发束的发根处下方，并向上轻拉，将发束均匀地盘绕在食指周围，注意不要卷得过紧，发束不得扭结。

（2）用左手拇指、中指将盘卷好的发卷从食指上脱下，盘卷的最外一圈应靠近头皮。盘卷好的发卷平放在发根旁边，用发卡别好。发卡的根部紧靠发根，发夹的臂夹在盘卷发梢处，卡针绝不可横跨整个盘卷，否则发卷会被压乱。

（3）从发根处开始做左向或右向的平放盘卷。注意盘卷的位置及盘卷的固定方法。

4. 从发根做平放盘卷的问题及分析

（1）发束分得不整齐，发束没有梳理通顺，造成梳理后发型混乱。

原因：① 盘卷前只注意发梢的梳通，没注意到发根的梳通，造成梳理后发根处的发卷与整个发型不协调。

② 发束整理度不够，不易盘卷整齐。

③ 盘卷时发束被扭结，梳理后的发型披落方向与预先设计的不同。

（2）盘好的发卷没有放在发根的旁边，而是压在发根上，发根处被挤压，造成发型不整齐。

原因：① 固定时，发卡横跨整个发卷，造成在波浪中又出现小波纹。

② 发夹的根部“吊”在盘卷发圈上，造成发根松脱现象。

（二）从发梢开始做平放的盘卷

1．练习要点

（1）从发梢开始做平放的盘卷适用于短发。通过发卷的不同排列，可预估发型的形状。

（2）此类盘卷技术不适用于过长或过于卷曲的头发，盘卷的弹性由卷圈的直径大小而定。

2．所需工具及辅助用品

（1）练习头，支架。

（2）分针梳。

（3）发卡（卡针）。

（4）喷壶。

3．操作步骤及方法

（1）将潮湿的头发整齐地分出一股约2 cm宽、3 cm长的发束，梳理通顺。用左手在离发梢约3 cm处拉住发束。用手指将发束的发梢处捋出一个圆形，用左手的食指、拇指按住发梢，右手指捏住发卡别住。

（2）用双手将发卷继续向上卷至发根处，注意发束在盘卷时不可扭结。

（3）为顾客盘卷时应注意顾客头发生长流向及自然披落方向。在做左向盘卷时的步骤与右向的相同。但手和手指的方向相反。

4．从发梢做平放盘卷的问题及分析

固定时，发夹横跨整个发卷，发夹的根部“吊”在盘卷发圈上。

原因：① 发束分得不整齐，发束没有被梳通。

② 盘卷时，发束被扭结了，发卷压在发根上。

（三）盘卷的排列顺序

1．练习要点

（1）练习盘卷排列的前提是能熟练地做出单个的平放盘卷。波纹的概念包括：波宽、波峰、波谷、梳理方向、盘卷直径、盘卷的间插排列等（图7-5）。

（2）为了做出均匀的波浪，应将盘卷排列成行。每一行的盘卷方向应相反。盘卷的直径将决定梳理后波浪的大小，因为梳理后的头发会蓬松地向下披落，所以刷出的波浪总比盘卷形成的波纹要大（图7-6）。

2．所需工具及辅助用品

（1）练习头、支架。

（2）分针梳。

（3）发夹（卡针）。

（4）喷壶。

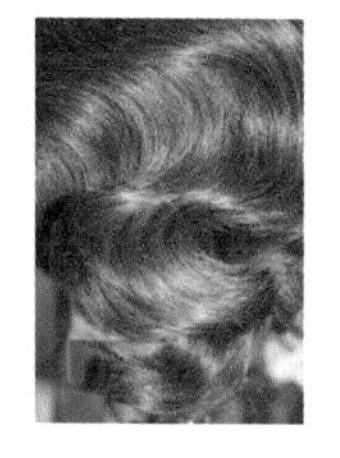

▲ 图7-5　波纹

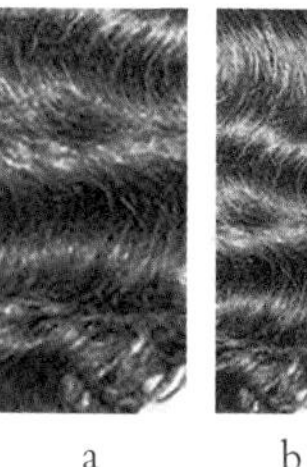

a

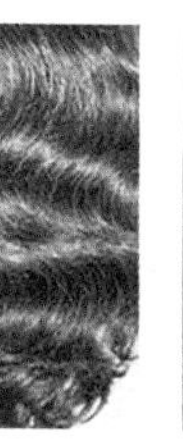

b

▲ 图7-6　波浪

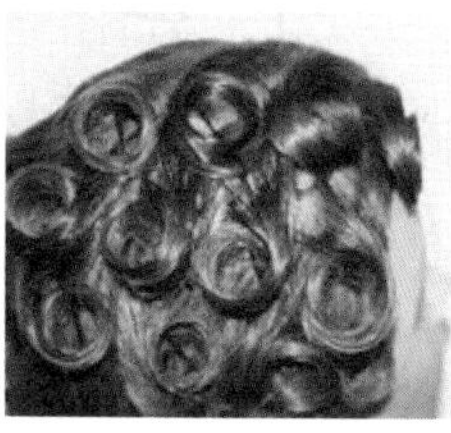

▲ 图7-7　盘卷效果

3．操作步骤及方法

（1）将每行盘卷之间的发界分在波峰的设计位置上方。波峰与梳理方向相垂直，每行盘卷之间的发界与梳理方向相垂直。

（2）在盘左向发卷时应从右侧开始，在盘右向发卷时应从左侧开始。一行中的盘卷应该都朝着一个方向，如果第一行的盘卷都是左向的或都是右向的，在下一行中，盘卷的方向应与上一行相反。另外，应较清晰地区分出每一个做发卷的发束，发卷间应交叉、错落，以免造成竖向的发界（图7-7）。

4．盘卷的排列顺序中的问题分析

（1）每行发卷宽度不同。

① 每行盘卷之间的发界不应分在预计的波纹位置，而应稍向上方。

② 在一行中的发卷方向应一致。避免每个盘卷的直径不同。

（2）发圈要圆，发丝要顺。

每一个发圈要盘圆润，不要出现大波浪里有小波纹，影响发型的美观。

（四）运用空心卷盘卷

1．练习要点

（1）用空心卷与盘卷相结合盘卷或只用空心卷卷发并做出整个发型。

（2）通过不同的上卷方向做出不同效果的发型。波浪的弹性是由空心卷的直径大小而定的。

（3）空心卷的排列形式，可决定发式的形状，如向前卷、向后卷、向侧面卷等（图7-8）。

a

b

▲ 图7-8 空心卷

2．所需工具及辅助用品

空心卷筒。

3．操作步骤及方法

（1）分出一束与空心卷同样大的发束，发束的宽与空心卷的长度相同。发束的厚度与空心卷的直径相同。

（2）将发束梳向预先设计的方向（与头皮成直角或钝角或锐角）。用中指、食指拉住发束，用右手拿起空心卷，将发束梢部放在空心卷的中部，右手的拇指，食指持住空心卷及发束，轻拉发束，用拇指、食指将发梢部卷到空心卷的下方。

（3）继续将空心卷卷到发根处，可用分针梳帮助梳顺、捋齐在外的头发，同时向空心卷下方卷好。注意发夹及卡针。不要扎到顾客头皮。

（4）空心卷的排列方向应根据预先设定的发型而定。

4．运用空心卷盘卷的问题分析

（1）两边发根处的头发卷不到空心卷上，两边出现“打环”现象。

原因：分出的发束比空心卷的长度宽或分出的发束比空心卷的直径厚致使发根处平直，发型不饱满，上卷的松紧不适度。

（2）没有足够位置放置空心卷。

原因：发束分得太窄，太薄，发梢处的头发没有整齐平滑地卷起。

（3）发夹或卡针过于压紧发根，给顾客带来痛感。

三、盘卷的操作要领

1．要结合脸形

盘卷时，发型应配合脸形，使发型与脸形浑然一体。例如：圆形脸，额前至顶部头发应高一些，使用直立式盘卷，能达到弥补圆脸形的效果。

2．要注意发圈的毗邻关系

发型的波浪花纹是依靠发圈与发圈彼此衔接而形成的。以平圈做一反盘，一正盘的关系来看，假定一束头发长度盘一只正盘在左手指上正好绕两圈多，盘好经热风固定后，拆开发圈梳直再放松，由于头发本身的反弹性作用，这一束头发必然会形成两个半卷曲的弧形，如果弧形线条是向外凸的，则有两个凸出的弧形线，衔接的部位必然凹陷；这时再用另一束相同长度的头发紧接在正盘圈下面盘一只反盘，做同样处理，结果也必然形成两个半卷曲的弧形，凸出部分正好与正盘圈相对。由于反盘平圈位置正好在正盘下面，两者正好吻合，只要用手略微揿一下，就能自然形成一层层连接不断的波浪。若不注意间距与位置交错，发圈忽大忽小，尽管也能产生波浪，却不能和谐自然。不同发圈并列时要注意相互之间的和谐，相同的发圈在不同的位置上，要注意大小相称，线路相对，过渡自然。

3．要注意盘卷操作的细节

在整个盘卷操作过程中，粗枝大叶，不重视细小动作，会直接影响发圈质量。如挑起一束头发盘卷时，其根部的形状与发圈位置是否恰当，就与波浪的形成有直接关系。以平圈为例，按操作要求一束头发的根部形状应是菱形或等腰三角形，发圈位置应安排在菱形或三角形的下尖端，这样所有头发根部都顺着一个方向，不会缠叠。如用正方形，发圈安排在根部中央，两下角的头发就要向中心拉，不易平伏。因此，对盘卷操作程序中所规定的每一个细节，如盘发圈、卷筒圈、夹发夹、抽出手指等动作要求，都应按规定认真做好，不容忽视。

4．掌握烘干发卷的时间及温度

盘卷操作完成后，要使发圈的卷曲状态固定，还须经过烘干。烘干前用发网轻轻地将发卷罩好，以防风力将发卷吹散、吹乱。同时用干毛巾护住两耳及颈部，以防热风吹烫耳朵、颈部。注意：

（1）烘干时间。一般为20 ~ 30分钟，具体时间应根据头发的厚度、长短来确定。

（2）送风温度。应根据发卷的排列、头发的长短厚薄以及季节的不同等情况灵活掌握风速及温度。

（3）加热停止后，必须等发卷冷却，才能拆卷。

第二节 吹风的作用、手法

头发经过剪、烫、染、盘卷后，都要进行吹风造型。吹风能将潮湿的头发迅速吹干。吹风梳理，能使洗乱的头发变得平服、整齐，有固定发式的作用；吹风还能弥补推、剪、盘卷技术中的不足，使发型更加完美。

一、练习要点

1．吹风前必须确定顾客头发清洁无垢并经过良好修剪或者盘卷后才能进行。

2．所用工具一定要经过消毒处理。

3．要正确掌握送风角度。必须将风自发根吹向发尾，不能从发尾吹向发根。

4．不能在吹风机后盖上放纸片等异物，因为机内空气不能顺利进出时，会烧坏内部零件。

5．送风口与头皮之间保持适当距离。不能将吹风机太靠近头发，否则在吹风机长期热风作用下，会造成头发损伤。

6．正确控制送风时间。

二、所需工具及辅助用品

1．有声、无声吹风机。

2．排骨梳、滚刷、钢丝刷、毛碌滚。

3．大、中梳子、针尾梳、九行梳等。

4．毛巾、围布、发胶、啫喱水、发乳、发蜡、发油等。

三、吹风的原理、步骤、手法及质量标准

（一）吹风原理

利用热风改变毛发的氢键、盐键及氨基键，通过掌控温度（最大的风及热量、冷却时间）及张力（拉紧）这两个要素而达到最终理想的造型效果。

（二）造型步骤

先将全头的发根逆毛流方向吹半干、拨蓬松。吹风机送风口距发片2 ~ 3 cm，向外顺毛鳞片方向斜45°送风、摆风，再将发干及发梢吹至6 ~ 7成干，最后分区吹出造型。用推、提、拉、翻、转等手法吹风，每片头发先吹发根，再吹发干，最后吹发梢。吹风机与发片的斜度为15° ~ 30°，吹至9成干时，用冷风定型。

（三）操作步骤

（1）吹风前的准备工作。首先用干毛巾吸干过湿的头发，这样既可缩短吹风时间又节约用电。

分头路。头路是增加发型变化的方法之一。头路的位置不恰当，会影响发型的美观。操作时，应先确定头路的位置，即用发梳将头发自前向后梳理后，用发梳齿在头发中划出一痕迹线，以线为界，向两侧梳，使缝间露出肤色，形成一条直线。头路的长度不能超过耳轮。一般头路位置，都以分在靠发涡一边为宜。具体位置要根据顾客的脸形来决定，如对分、二八分、三七分、四六分等多种分法。

① 对分：头路在脸部正中，对准鼻梁。

② 二八分：头路对准左眼或右眼的外眼角。

③ 三七分：头路在眼睛向前平视时，对准左眼或右眼正中。

④ 四六分：头路对准左眼或右眼的内眼角。

（2）吹风和梳理。梳理大边。头路分好后，用发梳将大边头发压住，梳背与头皮保持一定的距离，再用吹风机对着头路间送风，吹发根。每往返一次就用梳背压平一下。让发根侧向一边，使路线清晰，与此同时还要用发梳把头路边缘的发根略向上提，用梳齿使发根向发干处微微转动，把发干吹站立，使大边轮廓显得饱满。

梳理小边。从鬓角开始，用发梳将头发由上向下斜梳，边吹，边梳，边压，按顺序吹到后脑部分，然后重复，将整个小边头发向后吹梳。吹风口对着毛干，吹风口与发梳

成25°。梳背不应压得太低，否则，头发会呆板地紧贴在头皮上，没有弧形感。

梳理顶部，顶部属于大边部分的头发，吹时要分批进行。从接近头路的部位开始，用发梳将头发一批批地挑起来，吹风机对着发梳下面的头发左右摇动送风，使发根微微站立向后方偏斜。每批挑的高度都应有所不同，第二批应比第一批略高一些，以后逐批提高，挑到顶心部分最高；然后自顶部向侧边再依次向下，使顶部轮廓成弧形。在吹额角上端时，为了便于与顶部头发相称，也要把头发挑得高一些。

梳理后轮廓线。发梳斜向自两侧向枕骨隆突部分梳，吹风口向下，使头发平服地贴着头皮。

梳理前额部分。从头路边缘开始，用“挑”与“别”的方法按次序分别向侧边吹。如果要求发根向前，应用发梳把头发挑起并向前推，使发根向前倾斜，发干弯曲成半圆形，并将发梢向后梳与顶部头发衔接。

梳理周围轮廓。即吹鬓发和中部。把鬓发及耳夹上方直至中部的发梢紧压向头皮，吹压平伏。

检查与梳理。吹风结束后，应全面检查，看看四周有无缺陷，顶部是否饱满，有无高低起伏不相称的地方。如有缺陷应用发梳轻轻提一下或用手掌、毛巾轻轻压一下，同时侧着对提或压的部位送风，然后再把头发全部梳理一下，要梳理得既轻又快，使头发自然平伏。

（四）操作手法

高刘海吹风造型

吹风与梳理是结合起来同时进行的，因此吹风时离不开发梳、发刷和手的配合，操作时，一手拿吹风机，一手拿发梳、发刷，并可根据操作要求左、右手轮换，吹风定型在很大程度上也是靠发梳的梳理，因此可以说，吹风的操作方法是与发梳、发刷配合使用的方法。吹风的基本操作手法有如下几种：

1．压吹

压吹（图7-9）的作用是使头发平服，方法有两种：用梳子压或用手掌压。前一种手法多用于头缝两边和周围轮廓发梢处；后一种手法可使边缘发梢平服、不翘。

2．别吹

别吹（图7-10）的作用是把头发吹成微弯状态。用梳子斜插入头发内，梳齿向下沿头皮运转，使发杆向内倾斜。一般用于头缝的小边部分和顶部轮廓周围的发梢部分，使发梢不会翻翘。

a

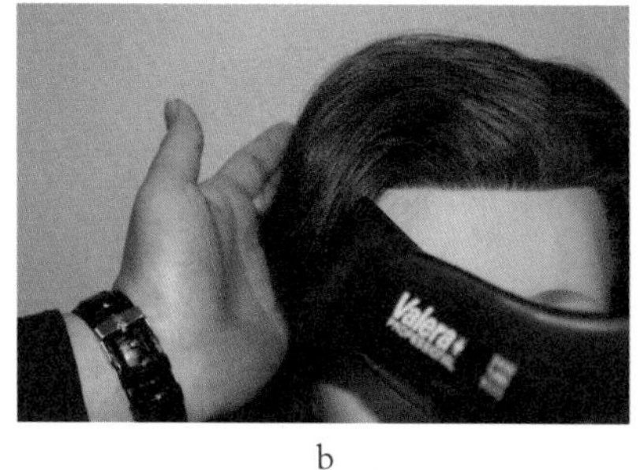

b

▲ 图7-9　压吹

▲ 图7-10　别吹

3．挑吹

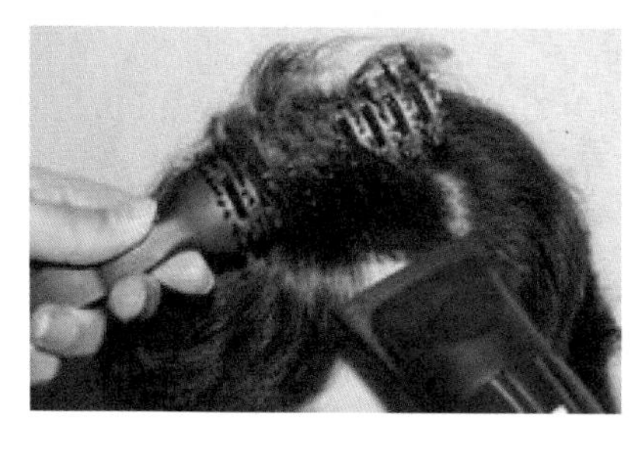

▲ 图7-11　挑吹

挑吹（图7-11）的作用是使头发微微隆起，使发根站立，发杆弯曲，头发成为富有弹性的半圆形。方法是用梳子挑一束头发向上提，使头发带一些弧形，再用吹风机送风，吹成微微隆起的样子。可用于吸头发顶部及四周。

4．拉吹

吹风造型

拉吹（图7-12）的作用是使头发被拉得轻松地平贴在头部。特点是吹风机和梳子同时移动，一般用于吹轮廓线及后脑接近顶部的头发。

5．推吹

推吹（图7-13）的作用是使部分头发往下凹陷，形成一道道波纹。方法是先将梳齿向前向后斜插入顶部头发内，然后将梳子别住头发向前推。

6．翻吹

翻吹（图7-14）的作用是使头发梢部外翻，形成翻翘。方法是梳子向外翻带头发，正对梳面送风，专用于顶部及两侧的头发。

7．滚吹

滚吹（图7-15）的作用是使发丝蓬松、流畅有光泽。方法是吹风时用排骨梳或滚刷带住头发向内滚动，使发梢自然向内扣。滚动时，排骨梳停留在原位置。滚吹多用于中、老年女发顶部。

8．卷吹

卷吹（图7-16）的作用是使发丝蓬起，显得饱满、增加高度。方法是将几把滚刷同时卷在头发上送风，类似做空心卷筒。此法适用于发型较高的顶部头发。

▲ 图7-12　拉吹

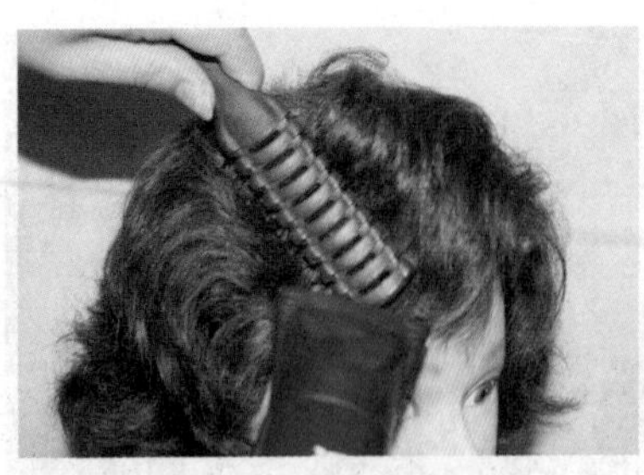

▲ 图7-13　推吹

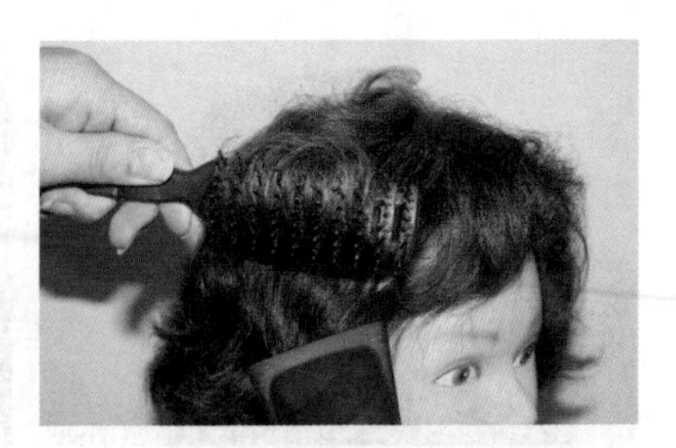

▲ 图7-14　翻吹

▲ 图7-15　滚吹

▲ 图7-16　卷吹

▲ 图7-17　刷吹

9．刷吹

刷吹（图7-17）的作用是使发丝流畅成为一体，避免有断面、凹陷。方法是用九行梳按发型要求和发丝流向梳通梳透，这是吹风造型中最后要做的，也是最出效果的一个环节。

（五）吹风造型的质量标准

1．轮廓齐圆，饱满自然

压剪操作是根据头部自然形成的椭圆轮廓进行操作的，吹风造型要保持轮廓齐圆的自然形态，但仅是齐圆还是不够的，两侧上部还必须饱满，使内轮廓与外轮廓相吻合，头路两侧要求隆起、饱满、富有立体感。

2．头路明显整齐，发丝清晰

头路处理的好坏，对整个发型影响很大，同时也是吹风技术中难以掌握的一环。头路要分得直，以使肤色明显；大边头发要有立体感，小边头发要平伏，并成弧形，顶部头发要求平松；发丝通顺，无痕迹，无脱节，无臃肿。

3．周围平服，顶部有弧形感

周围平服指顶发以下的轮廓部分发梢服帖，与肤色露出的交换处要求发梢不翘，发干微微弯曲成“弓”形，顶部头发与左右手两侧要求饱满，有弧形感。

4. 不痛不焦，发型持久

吹风必须做到不吹痛头皮，不吹焦头发。因此，在吹风时要注意吹风口与头皮的距离。吹风后必须达到头发弯曲持久有弹性，发型能保持一定时间。

表7-1为吹风与造型的考核表。

表7-1　吹风与造型考核表

项目	分值	质量要求及评分标准/分	扣分	实得分
程序	20	1. 吹风前的准备工作（5） 2. 吹风的操作步骤（5） 3. 吹风方法（直接吹风，盘卷后吹风）（5） 4. 整理（5）		
方法	30	1. 压（3）　5. 推（3）　9. 刷（2） 2. 别（2）　6. 翻（5） 3. 挑（5）　7. 滚（3） 4. 拉（5）　8. 卷（2）		
质量标准	50	1. 发丝梳理通顺，刷子、梳子必须按波纹方向移动（10） 2. 波纹走向明确，立体感强（10） 3. 吹风造型时手腕动作要灵活，左、右手配合默契（10） 4. 梳理波纹纹路必须内外衔接，表里清楚（10） 5. 发丝具有弹性，整体发型具有美感（10）		

四、吹风中出现的问题分析

吹风时除了要与发梳密切配合外，定型吹风机的执法和使用也有一定的技术要求，运用不得法会直接影响造型质量。

（一）正确掌握定型吹风机的送风角度

一般热风不能对着头皮直接吹，如吹风机与头皮成90°，则很容易把头发吹焦，并烫疼顾客头皮。正确的送风方法应该将吹风机斜侧着送风，送风口与头皮几乎平行或成45°，使热风大部分都吹在头发上。在两侧及鬓角附近，因为头发较短，热风无法避免与头皮的直接接触，可将手掌贴近头皮，与头皮之间形成一道夹缝，热风从夹缝中穿过，借掌心力量压送到头发上间接吹送，使头发自然服帖。

（二）送风口与头皮之间应保持适当距离

头发能够紧贴、卷曲或舒展成型，主要靠吹风机送出的热量发生作用。吹风机与头皮距离过远，热量散发，不便于头发成型；距离太近，热量又过于集中，即使角度掌握正确，头皮仍难忍受，有时候，还可能把头发吹得瘪进去，甚至还会留下梳背压发的痕迹。因此，距离必须掌握得十分恰当，一般可在3 ~ 4 cm。

（三）正确控制送风时间

吹风时间过长容易把头发吹僵，过短则效果不到位。由于各人头发的特点不同，洗后的湿度也不一样，搽油与否及头发受热程度也有影响，所以吹风时间难以定出统一标准。这就需要从实际出发，以发型的要求为准。在任何情况下，都不能把吹风机固定在一点上长时间送风，这样会吹痛头皮，吹焦头发。不应使吹风机对着头发打圈，这样热度不集中，不能保证吹风时间，效果就不好。吹风机必须跟随发梳移动，发梳移动要慢，吹风机来回摇动要快，每吹一个部位，摆动四五个来回就能收到效果。

第三节　吹风与造型

头发能否成型，能否结合脸形、头形、体态、年龄等特点，梳理出比较相称的式样来，主要依靠吹风与造型。直发造型比较简单，发型变化少，容易掌握，关键在修剪技术上。束发类在梳理上稍复杂些，但传统梳理，就能梳出不同的发式。卷发类的梳理比以上两类复杂得多，技术要求高，特别是盘发技术为发型变化提供了有利条件，也使吹风造型有了新的发展。因此，吹风造型不仅是一道操作复杂，技术性强的工序，而且又是一种操作技巧和造型技艺相结合的工艺。

一个好的发型，既需要盘卷打下良好基础，又要有熟练的梳理技巧。不同的梳理方法，能梳出多种形状的花纹，同样盘卷而成的几种发圈，通过不同的梳理变化，就能梳成丰富多彩的式样，使发型更加完美。

一、吹风与造型的梳理操作方法

（一）梳理步骤

1．拆去发夹，轻轻涂一些啫喱膏。

2．梳顺头发。

3．梳理出初步发型轮廓。

4．吹风定型。

（二）吹风造型的梳理

1．手与刷子的配合

（1）右手执刷子，左手的掌心和手指按住头发，看清发圈盘卷的顺向和发根倾斜的角度，将头发全部刷通后，一边刷，一边用手做推撳动作，使波纹形成（图7-18a）。手指配合钢丝刷的运用很灵活，在顶部和枕骨部位运用最为得心应手。但在处理长发后颈部时，此法则有不足之处，因后颈部长发发梢是悬空的，手指无处衬托借力，这时以用梳子配合为宜。

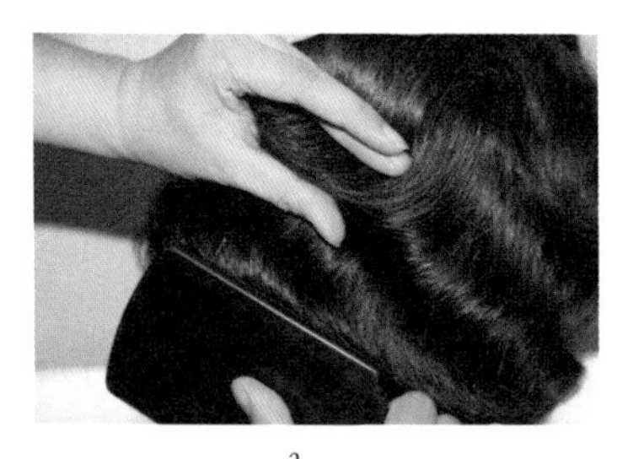

a

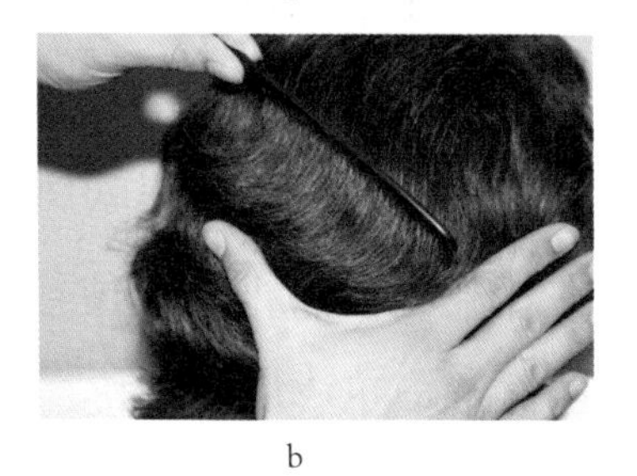

b

▲ 图7-18　手与梳子的配合

（2）右手执梳子，将头发全部向后梳平，左手的掌心与手指按住头发；要掌握发圈的方向和斜角，然后一边梳一边用手指做推按动作，使发型成型（图7-18b）。由于梳齿的局限性，梳理头发的面积小，不容易得力，使用不够灵活，但对梳理辫子、扎结、梳发髻、盘发还是比较适宜的。

2．梳子与刷子的配合（图7-19）

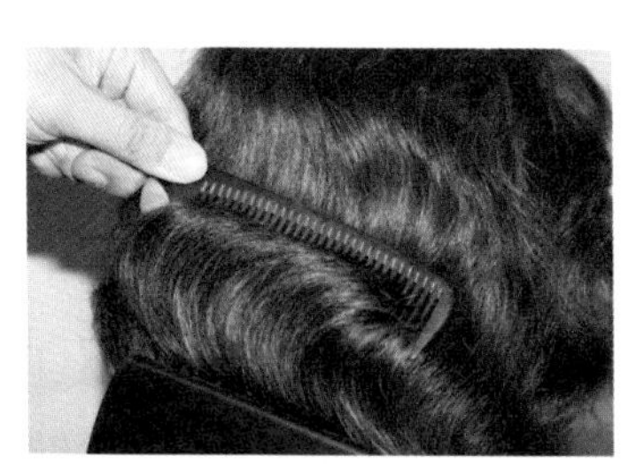

▲ 图7-19　梳子与刷子的配合

右手执刷子，左手执梳子，梳子代替手的作用，按住头发推压，刷子在梳子的引导下，进行梳理。刷子的针刺细，齿序排列稀疏，接触头发的面积大，比梳子灵活有力，操作方便。但用梳子不如用手来得灵活。

以上方法各有长处，可交替使用。梳理轮廓可用刷子与手配合，遇到长发可用刷子与梳子配合，轮廓初步成形进行局部修饰时，可用梳子与手配合，在整个操作过程中，采用综合梳理法较为适宜。

（三）各种花纹的梳理方法

1．梳波浪

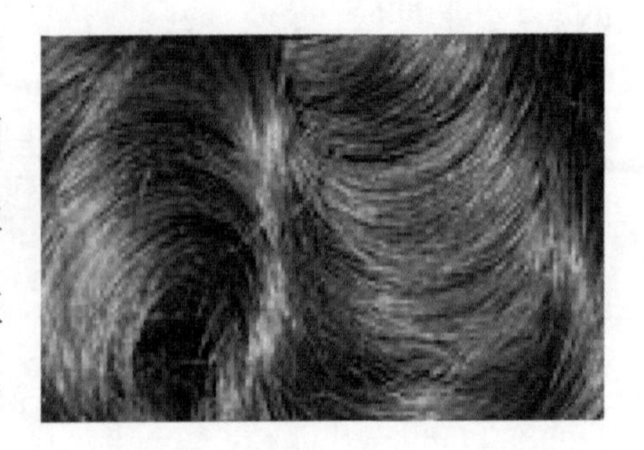
▲ 图7-20 梳波浪

梳波浪（图7-20）是根据发圈的卷曲方向，顺向将头发梳通，先刷头缝分得少的一面，再刷另一面，刷至枕骨以下，一次刷到底。刷时要注意两侧连接，使其自然地显出波浪花纹，再按波纹形状，用左手掌心贴住发根，拇指按住波浪凹进部位，轻轻地向前推移，推出第一道波浪。推时手指用力要适当，波浪的深浅主要取决于手指用力的轻重，第一道波浪形成后，就按这个波浪的排列方法继续向下推按。用中指或食指按紧第一道波浪，使其部位固定，再用刷子在左手按住的部位顺着波纹方向向下横刷，刷出第二道波浪。这样依次推刷，直到刷至发梢，使头发全部出现波浪形纹。

2．梳云纹

首先，按刷波浪的方法，把头发全部刷出波浪纹路，但不一定要求那么整齐，也不一定要用手指推按。其次，用刷子逆着波浪纹路顺向横刷一下，动作不宜过重，刷的方向可按波浪向左右调换，直到把原来层层排列的波浪全部打乱，显出参差有序、方向不同的起伏状，再用小吹风机配合刷子的翻、滚等动作，使纹样突出，呈现云纹形状。如在盘卷时注意把发圈位置交错排列，利用“砌砖法”排列，并且反盘与正盘也不固定，使波浪上下之间不衔接，梳理时也会产生比较理想的云纹。成型后，不宜再加修整，以保持其自然线条。

3．梳螺旋

基本上保持着原来发圈的卷曲状态。拆去发夹后，先用刷子轻轻地把头发刷到底，再用手将头发略微朝上推送，这样头发能自然地呈现发圈的旋转方向；再利用小吹风机送出的热风配以手指做捏转等动作，用刷子将其整理成卷曲自然的螺旋形状。螺旋的幅度越大，越显得活泼自然。

4．梳叶瓣

先将头发全部梳通后，挑起一股由几个发圈并为一组的头发，然后将刷子尖端插入这一组头发内，用刷子齿撳住发干和发梢，再将刷子翻转，原地做出360°的轮回旋转，当刷子背面贴向头发时，头发虽然脱离刷齿，但刷子再翻转刷身时又被撳住。在刷子缓慢转动的同时，用小吹风机对着刷齿撳住的那一组头发送风，借助热风将头发固定成型，并将刷子向左或向右移动，使揿住的头发渐渐脱离刷齿垂下来，即形成叶瓣形。

（四）额前式样的梳理方法

1．童花与刘海

将额前一部分发圈向前梳顺，盖在额前，再分别向两侧面顺梳，疏松地与顶部的一部分头发相连，使发梢自然下垂，或用手指分组，捻成花瓣形。刘海式下垂的头发比童花式稀少，而且向两侧倾斜较多。

2．单花

这种式样是在额前的左侧或右侧，梳一大波浪花纹。梳理时，先将额前发圈从侧边向后倾斜地刷平伏；近额处用手推按出一个向鬓角边弯曲的大波浪。手按的位置决定波浪的位置，推按多少决定其高低，其余的发梢与后部连接为一体。

3．双花

将额前预先盘好的部分发圈拆开，如中间分头路，以路线的纹路为分界线，分两个部分斜着向后梳通，在近额角处，分别按出一个波浪花纹，并使其固定下来。然后将额角以下的头发与顶部侧边的头发连接起来。向下梳时，应注意与后颈连接。如不分中头路，则将额角以下的头发向后梳。

4．后梳

此类发型梳理简便，只需将预先盘好的发圈梳通，额前略带平伏波浪，从两边倾斜着向后梳成波浪形。这种方式可分头路，也可不分头路。

二、吹风与造型梳理的要领和技巧

吹风造型的梳理主要借助钢丝刷、各种滚刷、九行刷、排骨刷、大木梳、吹风机及手指的配合，操作时不断轮换，交替使用，既要按照基本方法交替使用，又要配合梳理工具的技巧运用。

（一）吹风与造型梳理的要领

（1）必须将全部发圈梳通梳顺。只有这样才能清楚地看到头部各处波浪的位置。

（2）刷子、梳子的运行方向，必须按照头发波纹方向移动。刷到发梢时，应根据波纹卷曲的方向梳理，否则发梢容易翘起，不平伏。

（3）梳理时手腕要灵活。在用手和梳子推按第一道波纹时要正确，手腕只能微微用力推动，这样推动的波浪就会明显而清楚，否则纹形就会模糊。在推按第二道波纹时要用手或梳子按住第一道波浪，不得移动，否则会影响波浪线条。

（4）梳理的波浪纹路必须内外衔接，表里清楚。

（5）梳理时必须注意不要在风口处，以免发圈、发梢因风吹而翘起。

（二）吹风与造型梳理的技巧

1．钢丝刷的运用技巧

刷子在梳通头发时，由于头发有软硬的区别，不宜用统一的方法处理。对于细软的头发，不能猛刷，梳通后要迅速寻找波浪纹形做推刷。对粗硬的头发，要多刷、重刷，刷子应按卷曲的方向做弧形旋转。如果在波浪凸起的地方是向右转，在凹陷的部位就改作向左转，不能直线向下拉，也不能固定向一个方向转动。如果头发弹性强，卷曲方向一时不易改变，可多刷几遍，必要时还得借助小吹风机边吹边梳，以降低头发弹性。刷子处理波浪时，对弧度的大小应做到心中有数，根据弧度大小运用刷子的旋转角度。在梳理发型时，要求左右手都能运用刷子。持刷子的方法有两种：一种是持刷子的后端，用于旋转；另一种是持刷子的前端，用于排刷波浪。

2．发梳的运用技巧

在吹风造型时，发梳与发刷不能同时离开头发，要轮流移动。当发梳做推按动作时，发刷要在发梳下面压住发梢，以免外翘。发刷在转动向下梳时，不仅梳齿要插入头发内，梳背也要侧过来同时压住头发。这样才不致影响已经推出来的波浪。当梳理基本完成，进行整理时，最好也要靠发梳、小吹风机配合调整波浪花纹的大小、深浅，使发型更趋完美。

3．小吹风机的运用技巧

吹风造型中运用小吹风机主要是帮助固定发型（图7-21）。如果发型需要高耸，可用“别吹”的方法，如果要将发型过高的部分吹平伏，可用刷子往下拉或用梳子“压”，梳理波浪形花纹，吹风口要配合刷子慢慢移动，不能停留，否则会使线条僵硬，花纹呆板。对于其他发型的吹风，应根据式样及线条组合来决定。

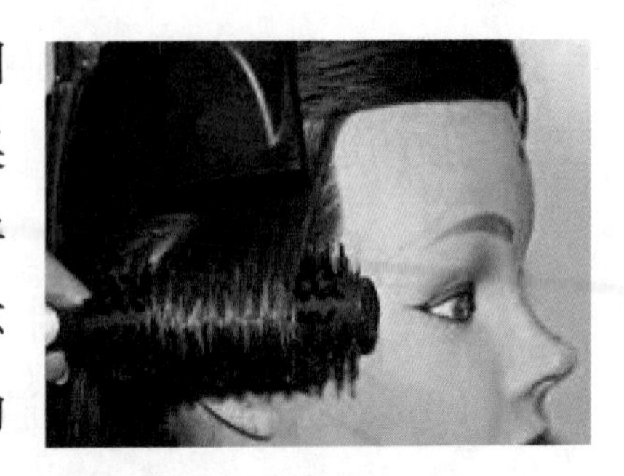

▲ 图7-21　小吹风机的运用

4．手的运用技巧

手的用力对梳刷初步轮廓有如下作用：能使头发顺服。头发梳理得松紧，取决于手腕用力的大小，发型要求哪个部位起伏，就在哪里用力。手在运用时，可用手指、手掌、手窝等不同部位辅助梳理。

手指用于做推、按、捏、捻等动作。手掌用于使头发边缘紧服，两边的头发可以按丝纹的方向旋转，旋转的弧度大小取决于发型所需要的弧线。手窝用于托起发端，使周围轮廓线饱满蓬松。

三、利用吹风与造型方法塑造美

发型是男、女美发操作技术的集中表现。发型美观大方、具有时代的气息，有助于体现人们朝气蓬勃、健康明朗、美满幸福的精神面貌。

（一）塑造发型的基本要求

1．美观大方且式样持久。

2．掌握各方面特征，使发型与有关条件相称。

3．吹风造型不能单纯看作是为了装饰，更不能成为学习和工作的累赘。

4．由于文化环境和生活方式等不同，不同国家、地区的民族都有着不同的审美观。要根据实际情况发扬民族风格，体现民族风貌。

（二）发型配合脸形的处理方法

发型配合脸形的关键是对额前及两侧的处理，一般处理方法有以下三种：

1．遮盖法

主要是利用头发组合成适当的线条，以弥补脸形轮廓的某些不足，在视觉上把原来比较突出的部分冲淡，使长形脸看上去不太长，圆形脸的变成椭圆形脸。如用刘海来遮盖发际线过高的前额，用双花来遮盖两侧过宽的额角等。

2．衬托法

主要是将一部分头发有意梳得蓬松些，从侧面和顶部对脸形进行衬托，以分散原来脸形过于扁平、瘦长等感觉。如圆形脸的发型顶部应梳蓬松些，两侧适当贴紧，以冲淡脸形的圆度。长脸的顶部不宜过高。周围的轮廓要略松而饱满，以减少脸形的长度。

3．填充法

一般借助装饰来填充某些不足，如用扎结撑子，夹花发夹或衬假发等方法，使某些瘪塌、凹陷的部位被衬托得饱满些。此外如果束结、盘辫、挽鬓等运用得当，也能起填充作用。

以上三种方法不是孤立而是相互关联并交替使用的。哪一部分应遮盖，哪一部分又该衬托或填充，并没有统一的规定，只要同脸形、头形相称即可，与此同时，还应考虑到年龄、职业、性格、爱好、体态等其他条件。即使是同类型的脸形，由于年龄不同，表现的方法也各不相同，如果把发型与脸形的关系处理得僵硬、呆板，不注意灵活性，结果就会出现生搬硬套的现象，达不到美化发型的目的。

（三）吹风与造型和其他条件的关系

要做到所塑造的发型与每个人的年龄、体态、职业等条件相称，美发师就应具备比较丰富的生活经验和一定的科学知识，这样才能从各方面掌握人物的特点，梳理出适宜而美观的发型。在这方面，美发师应注意考虑以下几个问题。

1．年龄因素

一个人的性格爱好和审美观往往因年龄而异，塑造发型时必须考虑这一因素。

青年人多数性格活泼，好动，对新生事物特别敏感。他们喜欢时尚，丰富多彩的形式，讨厌繁杂臃肿。青年人的发型要求线条简洁、明快、潇洒、自然、以体现其朝气蓬勃的青春活力，式样要求新颖、美观、具有时代感，以显示其活泼、开朗、接受新事物快的特点。

中年人性格稳重，讲究仪表的整洁、大方，他们对发型要求线条清晰、柔软、圆润而有规则，式样美观又不太花哨，新颖而不奇异，持久而便于梳理。

老年人易见衰老，头发也见花白，对发型要求简朴。烫发后不要求过分复杂的花型，只要求平伏波浪，额前多梳成向后背的单花、双花，显得稳重、成熟。

2．职业因素

所谓职业因素，是指职业对从事该职业人员仪表仪容的客观要求。从这一点说就是在不影响工作的前提下，力求发型美观，不能为了美化发型而与职业特征相背。虽然没有人要求将头发的式样作为职业的标志，但在设计发型时，必须考虑到这一点。职业的特点与发型的关系，大致有以下几个方面：

（1）工作需要戴帽子人士：如建筑工人、纺织女工、医务工作者，他们的发型，必须与戴帽相适应。既要考虑到戴帽时的方便，又要考虑摘帽子后的发型不致受过多的影响。

（2）经常露天作业的人士或运动人士：如运动员、农民、清洁工。头发不宜留得过长，花纹也不应复杂，发型应着重在短发的基础上选择适当形式。

（3）主持人和演员的发型：应从有利化妆的角度出发。在发型处理上应根据各种不同的剧中人物的形象对头发进行恰当的处理，要求符合剧情及场面的需要。

3．体态因素

人的发型与身材高、矮、胖、瘦等也有一定关系。

（1）身材较为瘦长的，宜留中、长发。

（2）身材矮小的，宜留短发。

（3）身材较胖的，宜采用直线条。

在具体吹风造型时，不能忽视发型对体态的影响。

4．季节变化

自然界的变化反映在人们身上是服装的变化，发型塑造也必须适应四季时装的变化。一般冬季服装色深、厚实、衣领高，颈部被衣服及围巾裹住，发型要求偏长、偏厚、偏松些，以便保暖。

夏季时装色淡、鲜艳，一般穿的是衬衫，多敞开衣领或无领，露出颈部，发型就不宜过长、过厚、过于蓬松，若留长发则以扎结或盘发为宜。

春、秋两季的发型则可以灵活些。

吹风与造型是美发工作中的一项复杂、细致的工艺。应将“观察”与“询问”相结合，看顾客本人的客观条件，问顾客的主观愿望，把两者综合起来加以构思，才能较好地塑造出美观、实用的发型。

想一想

1. 盘卷的方法有几种？
2. 波浪发型吹风要求是什么？
3. 吹风机的作用是什么？如何保养吹风机？
4. 吹风的作用是什么？
5. 在吹发型的过程中，吹风机突然不能启动，你能判断出原因可能有哪些吗？

6. 盘卷的操作步骤及方法是什么？

练一练

1. 做空心卷训练。
2. 熟练掌握吹风的几种技法。
3. 练习真人吹风，注意按吹风技术要领操作，并按吹风与造型考核表中的要求为自己评分。

第八章

漂染技术

随着科学技术的发展和人们生活水平的提高，人们对美的追求和审美情趣也会有所改变和提高。现代人对发式造型的追求不仅是在形态和款式方面，而且在头发的颜色方面也有了新的要求，单一的发色已不能满足他们的需求，为此，人们利用漂发、染发来改变头发的颜色，以增加自己的风采和魅力。

漂、染是两种不同的改变头发颜色的技术。漂发是将自然色素减少，而使头发颜色变亮、变浅；染发是将人工色素作用于头发上，从而改变头发的颜色。漂染发涉及颜色的调配和漂染技巧，漂染效果的好坏直接影响发型的质量。因此，美发师不仅要熟练掌握漂染的操作技术，还要具备有关色彩方面的基本知识。

第一节　色彩的基本知识

在艺术造型中，人们的视觉首先感觉到的就是色彩，其次是轮廓形状，然后才看到纹理、线条。这说明色彩在造型艺术中的功能和影响是第一位的，美发造型艺术也必然受到色彩的影响，而且随着潮流的变化而变化。

一、色彩的变化规律及基本要素

人们对色彩的感觉，主要来自于光对人的视觉作用，如果没有光就什么也看不见，只有光的存在，才能使人们领略到大自然的五彩缤纷，千姿百态。

那么，色彩到底是怎样形成的呢？科学实验证实，由于不同质的物体对光的吸收和反射不同，物体呈现的颜色也不同。英国科学家牛顿把太阳光透过小孔，引进暗室，通过三棱镜折射出七色光。自此开始，人们才懂得了白色阳光是由红、橙、黄、绿、青、蓝、紫七种光波组成。因而得知，当人们看到物体呈现红色时，这个物体实际上是吸收了其他六种颜色的光波而反射出红色、如果物体把七色光谱全反射出来，看到的就是白色。相反，把七色光谱全部吸收，那所看到的就是黑色了。因此，色彩是由光产生的。

人们在这丰富的色彩变化中，逐渐认识和了解颜色与颜色之间的相互关系，总结出色彩的变化规律及各自的特点和功能。

（一）原色、间色、复色

1．原色

原色即红、黄、蓝三种基本颜色。这三种原色不能用其他颜色调配出来，而其他所有的颜色则可以由不同比例的红、黄、蓝色调配而成（图8-1）。

2．间色

间色是由三原色调配出来的：等量的红与黄调配出橙色；等量的红与蓝调配出紫色；等量的黄与蓝调配成绿色（图8-2）。

3．复色

复色可用间色调配，也可用各种间色和原色调配出不同感觉的色相。它包括了除原色、间色以外的所有的色。复色千变万化，丰富异常，也更具表现力，如黄绿色、蓝紫色、橙红色（图8-3）。

如上所述，原色、间色和复色之间的颜色变化关系可用一个色环的形式表现出来（图8-4）。

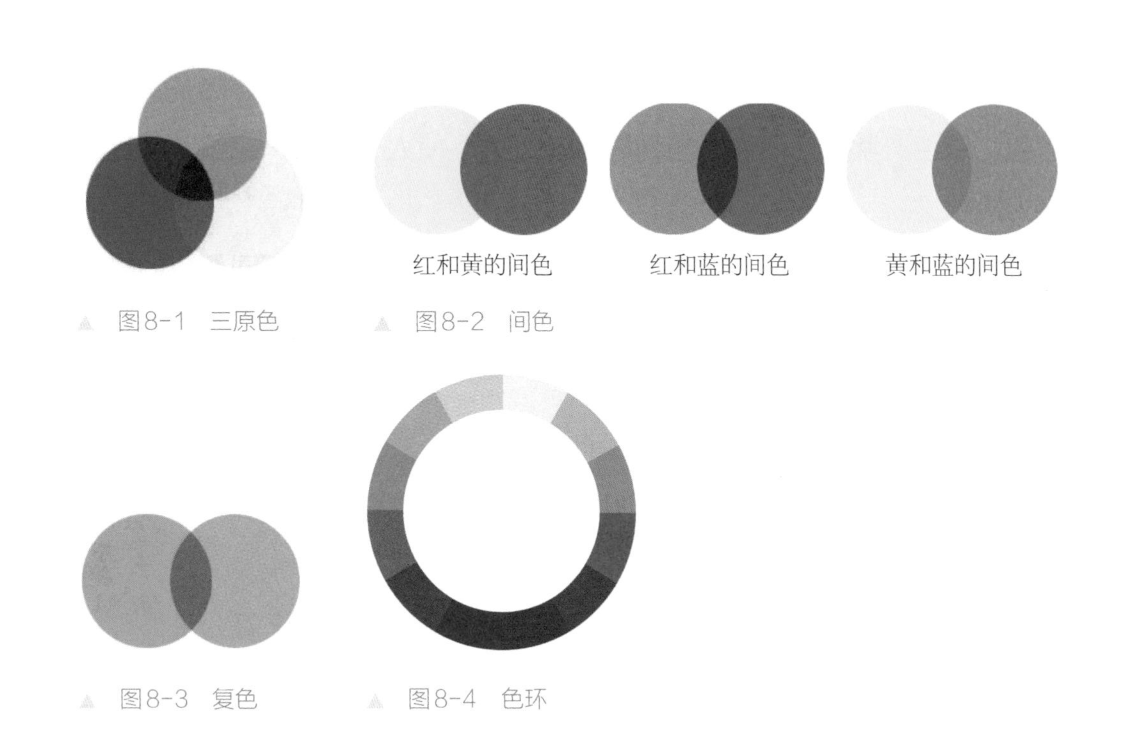

图8-1　三原色

图8-2　间色

图8-3　复色

图8-4　色环

（二）色彩的基本要素

色彩的基本要素，包括色相、明度、纯度、色性、色调和色度。

1．色相

色相就是色彩的名称，也可以说是色彩的相貌和特征。如色环上12种颜色所呈现的就是12种色相。

2．明度

明度是指色彩的明暗、深浅程度，它有两层含义：第一，明度是指各种纯正的颜色相互比较所产生的明暗差别，在红、橙、黄、绿、青、蓝、紫七种纯正色中，按明度高低可以依次排列为：黄色→橙色→绿色→红色→青色→蓝色→紫色。第二，同一种颜色也存在明度上的差别。当其受不同的光线照射，产生的明度就有区别，当强光照射时，其色彩变淡，明度提高；当其受光很少，处在阴暗中时，其色彩变深，明度降低，如同是黄颜色，明度上可分为深黄、浅黄、柠檬黄等。

3．纯度

纯度是指色彩的饱和度，也称色彩的纯净程度，颜色越鲜艳饱满，纯度就越高，纯度的高低，是根据在每种色彩之中含有灰色的程度来计算的。灰色越浅，纯度就越高；灰色越深，纯度就越低。

4．色性

色性指色彩的冷暖属性，是人对色彩的心理感觉，是色彩对人的心理影响的结果。

红色、橙色、黄色，使人联想到火焰、日出，使人感到温暖、光明、热情，因此被称为暖色；蓝色、绿色、紫色，使人联想到碧空、雪野，使人有寒冷、凉快、深邃的感觉，因此被称为冷色。

颜色的冷暖不是绝对的，而是在颜色的相互比较中显现出来的，不同颜色的搭配会产生不同的冷暖效果。

5．色调

色调是指总的色彩倾向，它是由占据主要面积的色彩所决定的。色调对发型的整体效果起着直接的、主导的作用。如果色调不明确，也就没有色彩的和谐统一，也就不存在整体造型的协调一致。

色调是由色相、明度、纯度、色性等要素所决定的。从具体运用上看，是指各种特定色调的选择。

从色相上分：有红色调，黄色调，棕色调等。

从明度上分：有亮色调，灰色调，暗色调。

从纯度上分：有鲜色调，浊色调。

从色性上分：有冷色调，暖色调。

色调的形成不是由单一的成分决定的，而是上述各个要素的综合体现。

6．色度

在染发过程中是指头发颜色的深浅。

二、色彩的情感作用

人们在长期的生活和实践中，对于不同的色彩已经逐渐形成了一种特定的感受和心理反应。颜色对眼睛的刺激作用能给人留有印象并产生象征意义和情感影响。由于每个人的文化素养、性格特点、生活环境等有所不同，所产生的情感反应也不同。

艺术作品的色彩表现，都应表明一种意义，要有一定的内涵，否则，便一无美处。在发型设计中，应恰到好处地运用色彩来表现一定的内容、气氛和情感，使外在形象与内在气质相统一，充分发挥色彩的表现力及心理影响，给人以美的享受。

色彩情感的产生，并不是色彩本身的功能，而是人们赋予色彩的某种文化特征，使颜色具有某种含义和象征，这些因素影响着人们对于色彩的感受。

红色：最易引人注意，具有强烈的刺激感，给人以温暖、热烈、喜庆、前进的感觉。

黄色：健康而耀眼的颜色。给人一种光明、明朗、活跃、华丽的感觉。

橙色：有果实芬芳之感。它代表热情、丰满、健康、明快。

绿色：象征着春天、生命、希望、和平。

蓝色：具有平静、朴素、深远、清爽的感觉。

紫色：给人以高贵、华丽、神秘的感觉。

白色：给人纯洁、高雅的感觉。

黑色：代表稳重、宁静、肃穆、阴沉。

灰色：给人以平淡、含蓄的感觉。

这些具有丰富情感作用的颜色在不同民族、不同文化中也会有不同的反映。例如，在中国传统中，黑白两色是人们哀悼死者时所穿着服装的颜色，而在欧美国家，黑色礼服、白色婚纱被视作为高雅、庄重的颜色。尤其是白色的婚纱，表现出新娘的纯洁与妩媚。在我国古代，黄色是富贵和权力的象征。在非洲某些原始部落，红色代表着天与地。设计发型时，要充分考虑发型所出现的场合，人物的气质特点以及所穿着的服装等因素，选择最能表现发型设计思想的色彩，可以使发型更具表现力和感染力。

三、色彩在发型中的应用

色彩在发型设计中起着举足轻重的作用，色彩运用得好坏，直接关系到发型的效果，所以在色彩的运用上要考虑多方面的因素，如颜色的搭配、发型的变化、肤色的不同及发质的差异。

色彩搭配

（一）颜色的搭配

在发型中色彩的运用既可以是单色，也可以是多色。需要注意的是，采用多色设计发型时，要分清色彩的主次关系，避免产生凌乱的效果。颜色的搭配一般可以分为对比色（互补色）的搭配、邻近色的搭配以及同类色的搭配。

1．对比色（互补色）的搭配

对比色是颜色之间的互补关系，是指某一间色和另一原色之间的互相补充。如红与绿、黄与紫、蓝与橙，它们之间的视觉对比效果是非常鲜明的，眼睛能感受到一种强烈的色彩跳动感。在选用补色搭配时要注意运用得当，降低“不协调”感。一种方法是改变对比面积的大小，如通常所说的万绿丛中一点红；另一种方法是改变它们的明度，降低纯度，减弱对比。对比色的搭配常用于设计比较大胆、新潮的发型。

2．邻近色的搭配

邻近色指的是相邻的颜色，在色环上任意60°范围之内的颜色都属于邻近色。如朱红和橘黄：朱红以红为主，里面有少量的黄；橘黄以黄为主，里面有少许红色。虽然它们在色相上有很大差别，但在视觉感受上比较接近，邻近色之间没有强烈的视觉对比效果，因而显得和谐，使人感到平缓和舒展。

3．同类色的搭配

同类色是指在同一色相中的不同颜色的变化。如红颜色中有深红、玫瑰红、紫红、大红、朱红等；蓝色中有深蓝、湖蓝、浅蓝等。同类色比邻近色更加接近，色彩搭配看上去更加柔和、自然。

（二）发型的变化

在现代发型中色彩的运用一般以黄色、棕色、红色居多，其次是紫色、白色、蓝色、绿色，也有人喜欢把自己喜爱的颜色组合在一起，调配出新的色彩来，使自己有与众不同的感觉。尽管如此，喜爱的某种颜色也不能千篇一律用于所有发型中。颜色的设计要根据发型的整体设计需要，根据发型的变化而选用适宜的颜色，以此来体现发型的特点。如婚礼发型、生活发型、新潮发型。

婚礼发型，专指新娘发型。发型要求体现出隆重、端庄、妩媚、圣洁、秀丽的特点。在颜色的运用上不宜过于夸张或大面积地着色。一般以棕红色为基调，然后少许挑染些金黄或淡黄，以增加闪烁感、层次感和含蓄感。在力求符合发型特点的同时，还要创造出新颖的效果。

生活发型，也是一种休闲、时尚的发型。发型要体现简洁、淡雅、柔美的风格，在颜色的运用上要根据本身个性特征或年龄、肤色等进行，在不过分夸张的基础上适当增加颜色的跳跃感，以适应个性的活跃。

新潮发型，指的是一种具有超前意识的前卫发型。主要表现一种创意别致、独具匠心、别具一格的特点。在颜色的处理上，可以不拘于形式进行创意和想象。颜色可以选用棕色、红色、黄色、紫色、蓝色等。在多色运用时，要注意面积不宜过大，色与色之间的过渡要自然，不能太生硬。

（三）肤色的不同

色彩在发型中的运用还要考虑与肤色的搭配。一般来说，人的容颜都具有“气色”，即色调。好的发色，能奇妙地诱发出面色的特点。配制使人容光焕发的发色，是发色设计的关键。白净的皮肤适合任何发色，黄色的皮肤应选较深的颜色，如棕红色，不宜选用黄色，否则皮肤看上去更黄，显得人不健康。稍红的皮肤可选用偏红的颜色，使其柔和一体。

（四）发质的差异

人的发质一般可分为干性、中性、油性及受损性发质。为顾客的发型设计颜色，目的是使之光彩动人，但同时不能忽视对头发的保护，要判断顾客的发质来为其选择颜色设计的深浅度。因为发型的颜色设计本身就是对原有头发颜色进行强化或变调处理，对头发的伤害程度是很大的，所以选用颜色时要观察发质。一般情况下，中性、油性发质既适于深色，也可用于浅色，染发对头发伤害程度相对较小；而干性、受损发质则最好不进行漂、染。如若发型需要的话，染深比染浅更能显现发质的光泽，染浅则看上去更干枯无质感。

色彩在发型中的运用除以上需要考虑的因素以外，还要考虑发色与服装的颜色相协调，与特定的环境气氛相适宜等。

总而言之，发型的颜色设计应以自然为原则。因为对头发颜色实施强化或变调处理本身就是一种非自然行为，稍不慎重，势必影响真实。发色设计是科学与艺术结合的美化过程，要求按艺术规律创作，依科学方法操作。经处理的发色，应以自然得体为原则，任何过分的无理念的设计都是不适宜的。

色彩的基本理论，对美发师来说至关重要。美发师必须深刻了解、熟练掌握这些知识，在漂染头发过程中，利用色彩的变化来体现发型美，根据不断变化的时代潮流和具体环境以及不同顾客的特点和要求，设计出新颖独特的发型来。

第二节　漂发知识

漂淡头发的颜色，是美发厅的一项重要而且最吸引人的服务项目。头发的天生颜色是由头发中的色素决定的，而漂发的主要目的就是去除头发中的自然色素，使头发变亮、变浅。

一、头发的自然色素

人的发色千差万别。头发皮质层中的发根处含有胚母细胞分泌产生的天然色素，也称麦拉宁（图8-5）。无论任何人种，皮质层中都同时存在着黑、褐、黄、红四种基本色素，不同人种的皮质层中四种色素所占比不同，占比最大的那种色素透过透明表皮层折射，决定了平时肉眼所见的头发颜色外观。

一般来说，深色头发中黑色及褐色的色素粒子含量多，分布不规则，色素粒子较大；浅色头发中黄色和红色的色素粒子含量多，分布较规则，且色素粒子较小（图8-6）。

根据这个规律，可以概括地说，所有头发的自然色素体都是由两种自然色素粒子组成的，即黑褐色素粒子和黄红色素粒子。

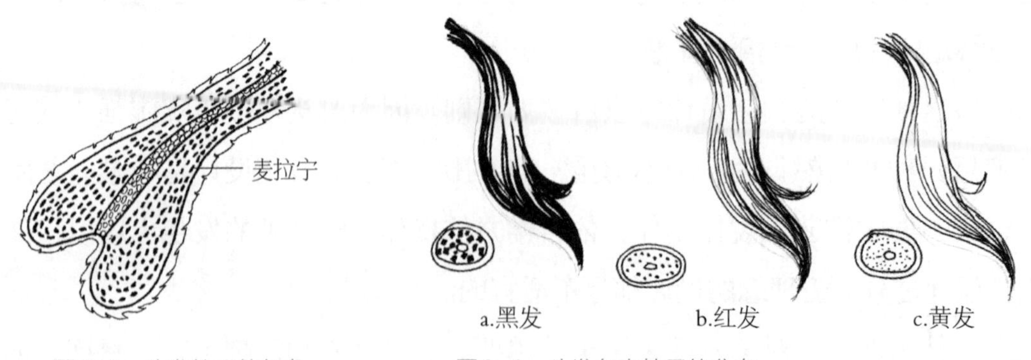

▲　图8-5　头发的天然色素　　▲　图8-6　头发色素粒子的分布

（一）黑褐色素粒子

此类色素粒子是褐色到黑色的色素粒子，它的多寡会影响自然发色的深浅度。如皮质层中的黑褐色粒子多，头发的颜色就会因此显得较深。相反则发色较浅。亚洲人的头发大部分含黑褐色素粒子较多。

（二）黄红色素粒子

黄色至红色的色素粒子，是使头发发色呈现橙黄、金黄色调的主要色素粒子。欧洲人的头发大部分含黄红色素粒子较多。

二、自然发色色素粒子的分布

（一）深色类

1．黑色头发

黑色头发，是由于头发皮质层内的黑褐色素粒子密集，其他的色素粒子被遮盖所致。黑褐色素粒子越密集，其头发颜色就越深。做去色时，由于黑褐色素粒子受到分解，一般会转变为红色或橙色。

2．深褐色头发

深褐色头发含有较多的黑褐色素粒子，较少的黄红色素粒子。

3．褐色头发

头发中的黄红色素粒子没有被完全遮盖，因此褐色头发的色调变化较多。

4．自然红色头发

自然红色头发是以黄红色素粒子中的红色色素为主要色素粒子，并有极少数的褐色色素粒子，由于黄红色素粒子不受遮盖，而发色呈红色。

（二）浅色类

1．深亚麻色头发

深亚麻色头发含较多的黄红色素粒子和黑褐色素粒子。

2．浅亚麻色头发

浅亚麻色头发含少量黑褐色素粒子和较多黄红色素粒子。

3．金黄色头发

金黄色头发的黑褐色素粒子很少，黄红色素粒子成为其主要色素体，而黄红色素粒子中黄色色素最多。

4．灰色头发

灰发，也叫白发，它不含有任何色素粒子，故呈白色或无色，当深色头发和白色头发混合在一起时如同灰色。白发是由于毛乳头的退化停止生产色素粒子而产生的。

三、漂发的原理及种类

（一）漂发的原理

漂发通常是用混合的化学药剂渗透头发的皮质层来改变色素细胞的色调，从而达到改变头发颜色的目的。由于化学作用改变的是头发内部的色素结构，所以漂发是永久性的，就是指头发一经漂淡，冲洗不变，直至新的头发生长出来。

漂发剂中所含的过氧化氢是能够消除色素的漂淡物质。过氧化氢中的氧，在漂发中能柔化头发的表皮层，并且能渗透到皮质层，消除原有色素细胞，减小色度，使头发变浅。头发的色素按漂淡的不同程度而改变，这种改变是由头发的色素以及漂发剂停留在头发上时间长短而定。

黑色头发漂淡的颜色变化大致如下：

黑→褐→红褐→浅褐→黄→浅黄→亚麻色。

黑发漂淡到近乎白色大致要经过七个颜色变化阶段（图8-7）。

（二）漂发的种类与方法

漂发的种类可按漂发的不同方法加以区分。一般可分为全部漂发和局部漂发两种。

漂发操作1

1．全部漂发

全部漂发是指将全头的头发漂浅。这种方法主要目的是为施加染发剂创造条件。在染发时，因顾客本身头发颜色太深，有的颜色不能直接染出来，所以需用漂的方法将头发漂浅，然后再进行染发，使头发达到所需要的颜色。

2．局部漂发

局部漂发是将头部某一部位的头发漂浅，或是将几缕头发漂浅，它同样也是根据发

图8-7 头发漂淡的过程

型的需要而定的。局部漂发能够突出发型特点，体现个性，使发型更加新颖别致。局部漂发常用于头顶部头发，或是两侧比较明显的部位。在某些表演或美发比赛中经常能看到局部漂染的发式。

局部漂发又包括很多种方法，如挑漂、点漂、条纹漂。运用不同的方法可以产生不同的漂发效果。

（1）挑漂。

① 根据设计要求，在分缝处取出一小束头发（图8-8）。

② 用尖尾梳的尖部，间隔均匀地挑出若干小股头发（图8-9）。

③ 用左手拇指和食指捏住挑出的有间隔的小股头发的发束，将锡箔纸放在发束下面靠近头皮的位置上（图8-10）。

④ 将头发置于锡箔纸的中央，用小拇指固定住锡箔纸，拇指和食指拉住发梢，准

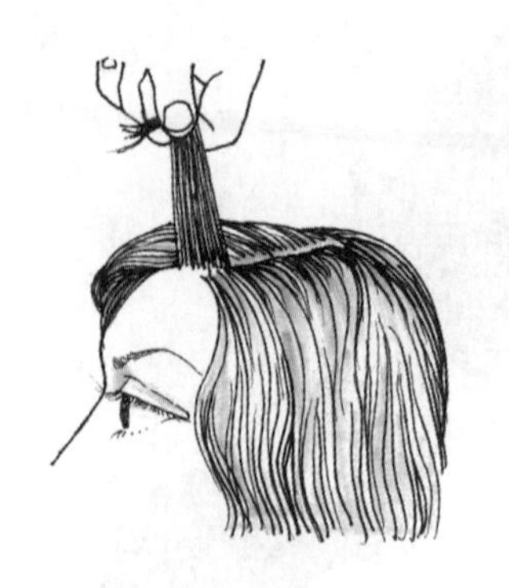

▲ 图8-8 分发片

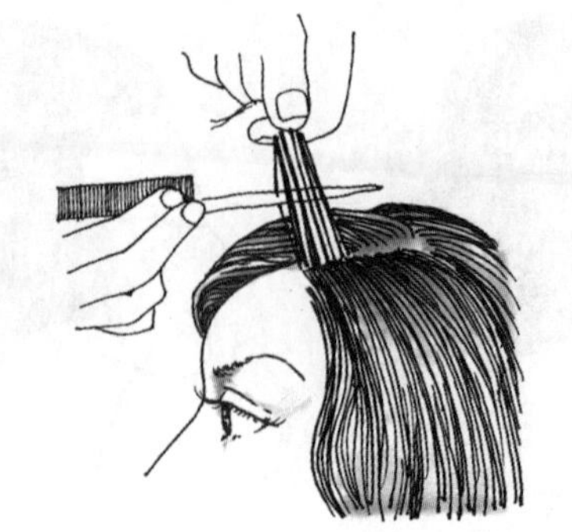

▲ 图8-9 挑发

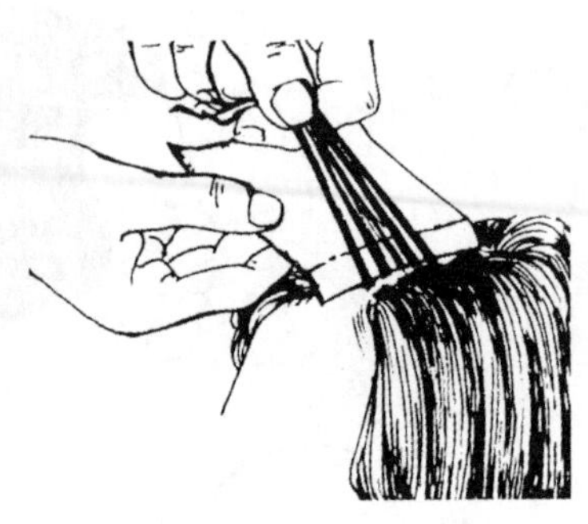

▲ 图8-10 垫锡纸

备将头发漂色（图8-11）。

⑤ 以不碰到头皮为准，开始涂上薄而均匀的漂发剂（图8-12）。

⑥ 涂至发尾时用拇指及中指固定住锡箔纸，将整束头发染匀之后，将头发包于锡箔纸中。用这种挑漂的方法将所需漂淡的头发漂成所需的颜色（图8-13、图8-14）。

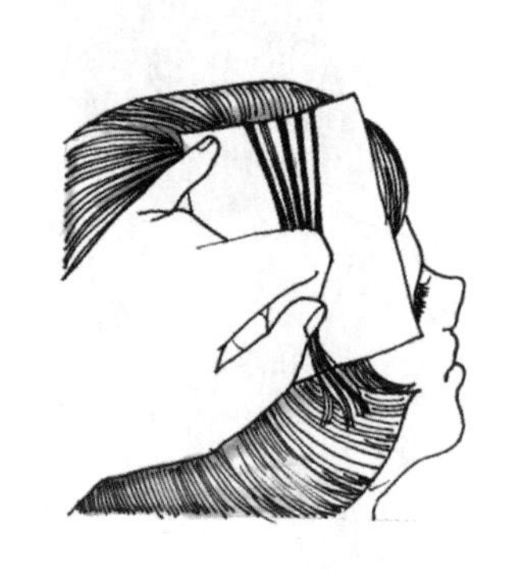

▲ 图8-11 固定锡箔纸

▲ 图8-12 开始涂抹

▲ 图8-13 均匀着色

（2）点漂。是借助一个特制的有许多均匀小孔的塑料帽。顾客戴上后罩住所有头发，之后美发师用钩针，从小孔中钩出发束，然后进行漂发，当达到需要的颜色后即可冲洗（图8-15、图8-16、图8-17）。

（3）条纹漂。是在头发上取出一小束，垫上锡箔纸，涂上漂发剂，用锡箔纸将涂有漂发剂的发束包好，然后按设计有间隔地一束束漂发。漂淡发的亮度与位置根据所欲获得的效果而定（图8-18）。

（4）刷漂。刷漂是目前比较流行、时尚的局部漂发方法之一，常用于短发发梢的漂色。操作时，首先用吹风机将头发往后吹起竖直，然后用发刷将漂发剂直接刷抹到发梢上，也可用戴好手套的手轻轻揉搓发梢，使发色均匀。

另外，也可先将头发吹出所设计的造型，然后根据造型需要在设定漂色的部位上用刷子直接刷漂出所要的形状及颜色的流向。如果控制好刷漂的顺序，把握好时间的长短，还能够漂出渐变的发色效果。这种效果经常会出现在美发比赛参赛选手们的作品中，为发型作品增添了创意和美感。

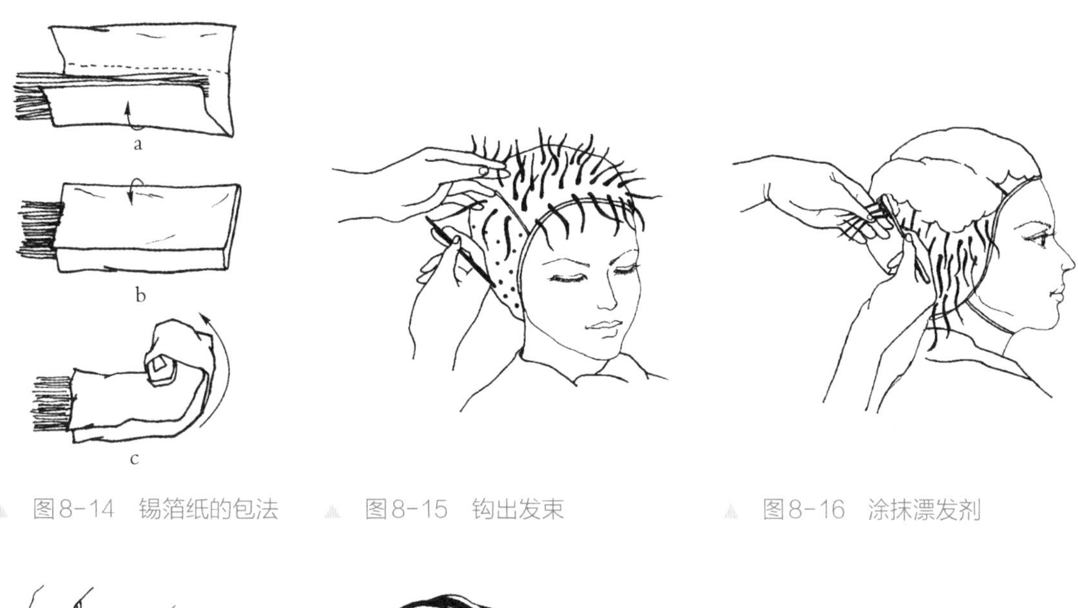

图8-14　锡箔纸的包法　　图8-15　钩出发束　　图8-16　涂抹漂发剂

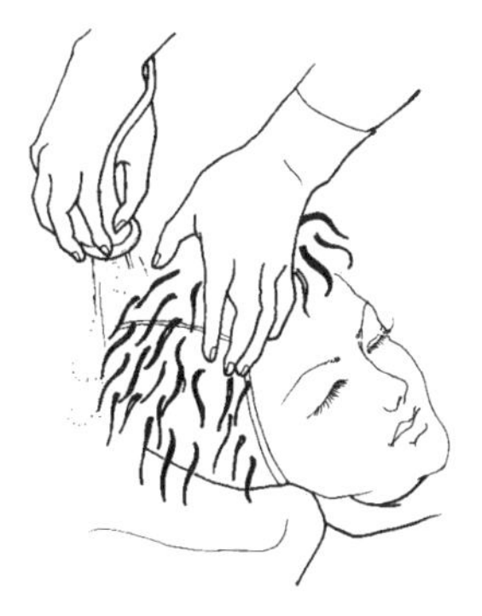

图8-17　冲洗头发

图8-18　条纹漂

第三节　染发知识

染发也是一门改变头发颜色的工艺，是一种将人造色彩加在头发的天然色素里，从而美化头发的手段。头发染色包括把头发的自然发色改变为人工的附加颜色；把自然发色的深度颜色改变为人工的浅度颜色；把自然发色的浅度颜色改变为人工的深度颜色；把人工的附加颜色去除而重新恢复原有的自然发色。

一、染发的分类及原理

头发的染色就目前的技术方式及颜色停留在头发上的时间长短而言，可分为暂时性染发、半永久性染发、永久性染发三种。这三种染发方式的原理、作用，以及染发剂的成分和操作方法都各有区别。

（一）暂时性染发

暂时性染发是在不改变头发原色素体结构的前提下，将人造合成色素只附着在头发的表皮层，颜色未进入皮质层，通常在洗发后颜色即褪去。

暂时性染发剂大多是利用黏胶与颜色混合而成，喷或刷在头发上。用作暂时性染发的用品主要有以下几种：

1．彩色喷胶

彩色喷胶是以喷雾形式，将颜色喷在所需染色的头发上。有已经配制好的各种单色喷胶，也有闪光发亮的七彩喷胶，可以根据发型的需要而选用不同的颜色。

2．彩色摩丝

彩色摩丝是一种像普通摩丝一样的，能直接涂抹在头发上暂时改变头发颜色的染发用品。类似的用品还有彩色润丝或彩色啫喱等。

3．染色笔

染色笔是一种软膏状的铅笔形的色笔，用于局部涂抹。主要用于修饰新生长的原色头发。

暂时性染发较多用于发型创意，主要应用在发色的对比反差上，用以强调或突出发型的某一部分，衬托发式特殊的造型，制造强烈的色彩效果。暂时性染发具有不伤头发、无须改变其原发色、色彩选择多、时间短见效快、使用方便的特点，不足之处主要是由于染色剂在头发表面覆盖的色素薄膜层很薄，染色不易均匀且易脱落，并容易沾污衣服和枕被。

（二）半永久性染发

半永久性染发剂中的人造色素，可黏附在头发表层或表皮层内（图8-19），是一种能自行渗透而不需加上过氧化物的染色过程。由于这种染色剂在头发上黏附的时间较长，一般要经

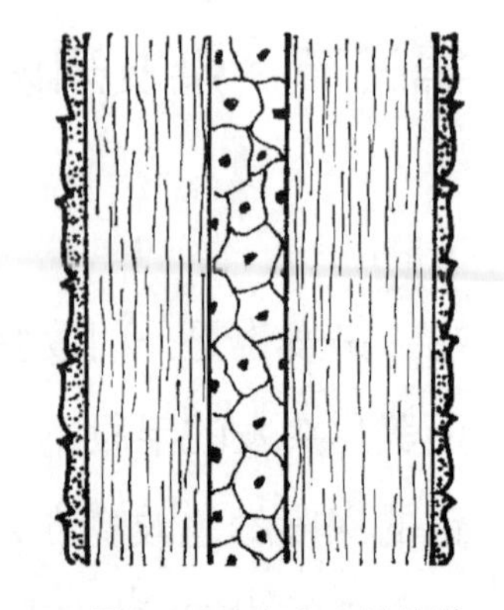

▲ 图8-19 半永久性染发

过多次洗发后颜色才可褪去。

半永久性染发剂一般是液态、胶状或膏状，如彩色焗油膏无须与氧化剂一起调和使用，故头发经染色后，不会减淡发色。由于这种染发剂对头发损伤程度很少，所以是实施原色染发最理想的染发剂。另外还可以掺和不同的颜色，做非原色染发，创造其他染色效果。

半永久性染发的方法具有润色效果，能在有效地改变头发不健康观感的同时，使头发的纹理、色泽更具立体感。因此这种染发剂的优点是：使颜色看起来自然，较具生命力，比暂时性染发剂停留的时间长；染发后不会使发质受损或减低头发的光泽度等。

（三）永久性染发

这是一种采用含有过氧化物的染色剂，浸入头发的皮质层来改变发色的方法。当永久性染发剂涂抹到头发上时，头发的表层鳞状物张开，染发剂中所含的人造色素就进入皮质层，双氧水中的氧分子到皮质层后膨胀起来，并刺激色素使色素胀大，这样人造色素颜色就留在头发上，从而改变了头发的自然表面颜色。由于其色素渗透表层而进入头发的皮质层，因此染后的颜色是无法洗掉的，必须用化学方法去除，或者是保留到新头发长出为止（图8-20）。

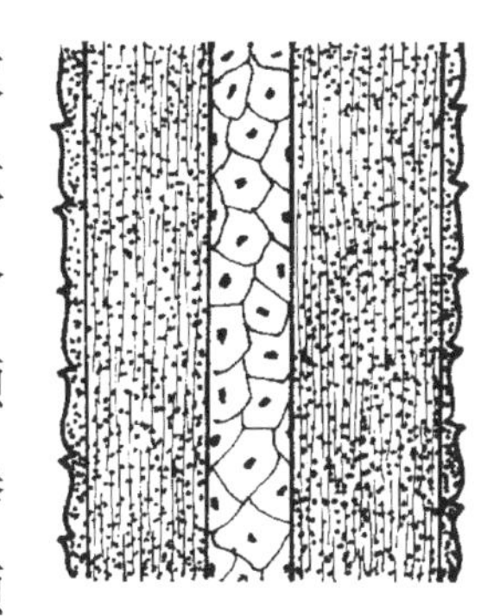

▲ 图8-20　永久性染发

永久性染发是一种用于长时间改变头发自然发色的染色方式，新发色的产生对达到发型创作意念上的尽善尽美，起着不可低估的作用。

虽然永久性染发具有使染后头发看起来像自然发色，并不易褪色等优点，但由于该染发剂具有渗透性，对皮肤刺激性较大，对头发也是有一定损伤的。为了安全，染发前需对顾客的皮肤及头发要进行接触试验。

永久性染发剂除了上述的化学药物染剂之外，还有植物型长久性染发剂和金属型长久性染发剂。

植物型永久性染发剂的代表是埃及指甲花。这种染发剂存在植物的叶子或根茎中。干的叶子及根茎经过加热后研磨成粉状，再加工装入管状容器中，即变成橙红色染发剂。它的主要优点是对身体及皮肤不具刺激作用，但因颜色选择较少及操作比较烦琐，故现已不再使用。

金属型永久性染发剂中含有铅、银、铜、铁、镁、钴等主要成分。含银染料具有淡绿色彩；含铅染料具有紫色的色彩；而这些染料加上含铜的染料则变为红色。金属型永久性染发剂，由于金属停留在头发上，经过吹发加热等处理而变形，再烫发染发则不易卷曲或上色困难，而且头发看起来晦暗而无光泽，粗糙而易断。但这种老式的染发方法，仍拥有部分年长顾客。

二、染发剂中过氧化氢的作用

过氧化氢也称双氧水或乙氧烷，分子式是H_2O_2。过氧化氢具有漂淡、柔化及氧化头发的作用。作为漂淡作用物，它可柔化发干的外层并漂淡皮质层色素的色调；作为柔化作用物，它可柔化头发的外层，并使其更容易接受长久性染发剂的穿透作用；作为氧化作用物，它可使氧游离并与染发膏混合产生氧化反应，令人造色素膨胀停留在皮质层内。

过氧化氢有不同的浓度：3%的过氧化氢溶液，能产生10倍体积的氧气；6%的溶液能产生20倍体积的氧气；9%的溶液能产生30倍体积的氧气；12%的溶液能产生40倍体积的氧气；18%的过氧化氢溶液则产生60倍体积的氧气。强度太弱的过氧化氢不适合用来漂淡及染色。然而使用较强烈的过氧化氢，虽然可以加速漂淡的作用，但可能伤害头发。因此在染发时要根据染深、染浅程度的需要来决定选用哪种强度的过氧化氢。

3%（10Vol）——不能带出头发色素。

6%（20Vol）——带出色素1/2度至1度。用于染深、同度染或染浅。

9%（30Vol）——带出色素2度至3度。用于染浅。

12%（40Vol）——带出色素4度至5度。用于染浅。

18%（60Vol）——带出色素5度以上。用于染浅。

值得注意的是18%的过氧化氢，虽然能够染浅头发，但由于浓度过高，对人的肌肤和头发都会造成很大程度的伤害，现在国际上已被禁用。不过18%的过氧化氢可用于假发的染浅。

如果染浅的度数需要超过5度，但是18%的过氧化氢又不能用，此时也可先漂浅发色后，再做染发，效果会更好。

染发效果的好与坏很大程度上取决于选择的过氧化氢合适与否。因此，要想掌握好染发技术，必须对过氧化氢有充分的认识和了解。

三、色板的认识

在染发操作中，与染膏配套使用的就是色板。色板中每一个编号代表一支染膏，一种颜色。因产品的不同，色板也是有所差异的，但大体的结构是相同的。只有很好地了解色板中的内容，才能使染发更加顺利，操作上更加得心应手。

以可丽丝色板为例。色板主要由三部分组成，即色深的基色、色调、目标色。色板中最左边的竖行代表基色，从深黑302/0到最浅亚麻色310/0。用基色与顾客的头发对比，判断出顾客的基本发色。每相差一位数，被称为相差一度，如302/0与305/0之间相差为3度。了解相差的度数对染发中双氧乳的选择非常重要。色板中最上边的横行代表色调，如/4代表红色调，/8代表蓝色调。色板中间颜色的大部分是目标色，即顾客所要选择的颜色，如303/6号染膏代表：有着深褐色深浅度，并含有紫色调。

由于色板中的发束大多由纤维制成，染出的颜色与真发染后的效果是有一定误差的，一般相差1 ~ 2度属正常现象，若超出此范围则属操作上的失误。

随着科技的发展，染发产品换代更新也非常快，产品的代码也在不断变化。无论如何变化，色板基本上离不开上述的三个部分。另外，当见到一个新的产品时，最好是详细阅读说明书，按照说明书中的要求去做才是确保染发效果的关键。

第四节　漂发操作

漂色要达到预期效果，就必须按技术要求操作。拟定漂发的操作程序，严守技术操作规则，是保证漂色效果的重要环节。

一、练习要点

（1）漂发前要检查顾客的头发与头皮，并做漂发剂与皮肤和小发束的接触试验。

（2）漂发时涂抹要均匀，漂发剂在头发上的停留时间不宜过长，最长为50分钟。

（3）美发师操作时要戴防护手套。

（4）漂发剂不要掉到顾客脸上或是衣服上，应准备必要的清洗和缓解物品，及时进行清洗。

（5）必须填写好顾客记录卡，存档以备下次查阅。

二、所用工具

漂粉、双氧乳、刷子、塑料小碗、量杯、棉棒、护手套、凡士林油、锡箔纸、带孔塑料帽、发梳、夹子、毛巾、围布、染发用披肩、洗发液、护发素、计时器、记录卡。

漂发操作2

三、操作步骤及方法

以全部漂发为例。

（一）照护顾客

给顾客围好围布，披上披肩或毛巾，目的在于遮盖和保护顾客的皮肤及衣服，使其免受损伤及污染。将凡士林油涂抹于顾客发际线周围，以防漂发剂碰到皮肤上受到损伤（图8-21）。

（二）检查顾客的头发与头皮

检查顾客的头发有无损伤，是否容易断裂，是否漂染过，染过的头发是否有金属染料遗留痕迹；检查头皮是否有破损、发炎或传染病等，若有这些问题是不可以漂发的。

这种检查非常重要，它可以减少漂发过程中出现的不必要的麻烦（图8-22）。

（三）做药剂与皮肤的接触试验

这是为了检查顾客的皮肤对漂发剂是否有过敏反应。将少量调配好的漂发剂涂在耳后或手肘内侧，需保持24小时左右，如果出现红斑、水泡或肿胀，说明对药剂有过敏反应，是不可以进行漂发的，反之则可以进行（图8-23、图8-24）。

（四）做小发束漂的试验

做此试验的目的是为了预先测试头发漂淡的效果，确定头发变色的时间，漂发剂的浓度及头发的承受能力等。测试的方法是在顾客的头发内侧取一小束头发，涂抹上漂发剂，随时间的变化，观察发色的变化和发质的变化，根据情况，调整漂发剂的调配比例或采取其他措施（图8-25）。

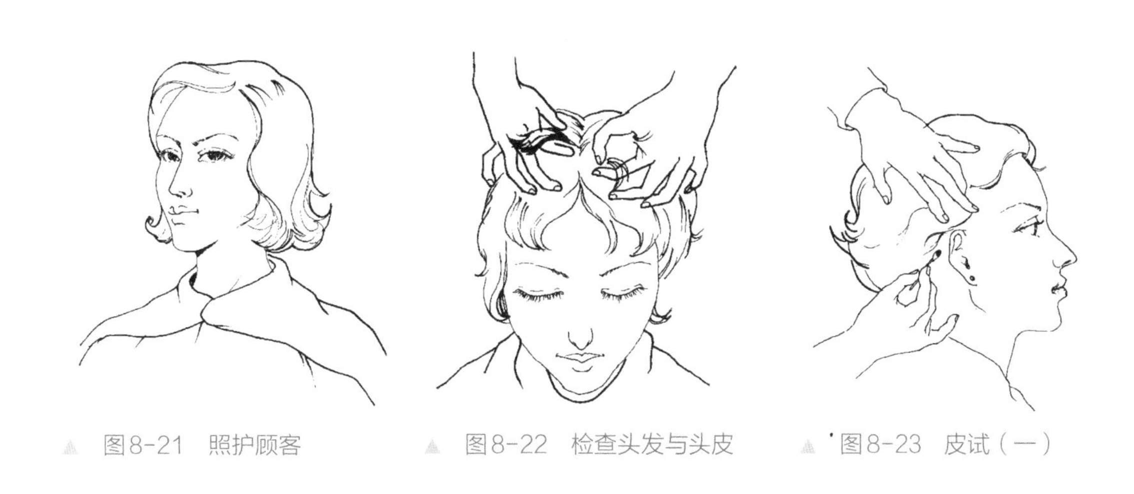

▲ 图8-21 照护顾客　▲ 图8-22 检查头发与头皮　▲ 图8-23 皮试（一）

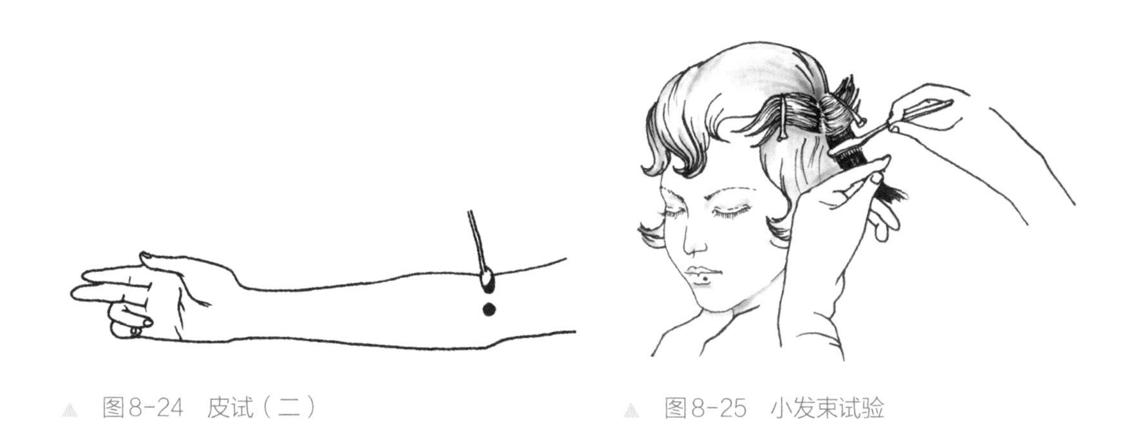

▲ 图8-24 皮试（二）　▲ 图8-25 小发束试验

（五）发色的设计

发色的设计是以漂发的七个颜色变化阶段，即黑色、褐色、红褐色、浅褐色、黄色、浅黄色、亚麻色来作为发色设计的依据，并根据顾客的肤色及顾客的自我选择来确定最终的发色。

（六）漂发方法的选择

根据发型整体设计需要，选择漂发的方法，即全部漂发和局部漂发。若是局部漂发，还要选择是挑漂、点漂、条纹漂还是刷漂的方法。

（七）调配漂发剂

漂发剂主要是用漂粉和双氧乳按一定的比例倒入小碗或药水瓶中搅拌均匀而成。漂粉和双氧乳的调配比例，以产品说明书中的要求为准。常用的双氧乳为9%或12%，浓度越高，漂淡的速度越快，但对头发的伤害程度也就越大。调好后的漂发剂需立即使用，以免效力消退。一般效力在30 ~ 40分钟。

（八）施加漂发剂

以全部漂发为例，操作方法如下：

（1）将头发分成四区（图8-26）。

色彩调配

（2）从第一区开始涂抹。从上面挑出一层头发（图8-27），用戴着防护手套的左手托住，右手将漂发剂涂抹到头发上。涂抹时，从距头皮约3 cm处开始一直涂抹到发梢，逐层用同样的方法涂抹均匀（图8-28）。

（3）第二至四区涂抹的方法与第一区的相同。

（4）将漂发剂涂到全头的发根处。

注：体热使得接近头皮的头发变色较快，基于此种理由，发根部分的漂发剂施用应在全部头发的发干和发尾都完成之后，以确保颜色处理均匀。

（5）用双手轻轻揉搓头发，有利于药剂的吸收。

（6）将全部头发集中梳到头顶部，用夹子固定。梳发力度要轻，避免刺激皮肤。

▲ 图8-26 分区

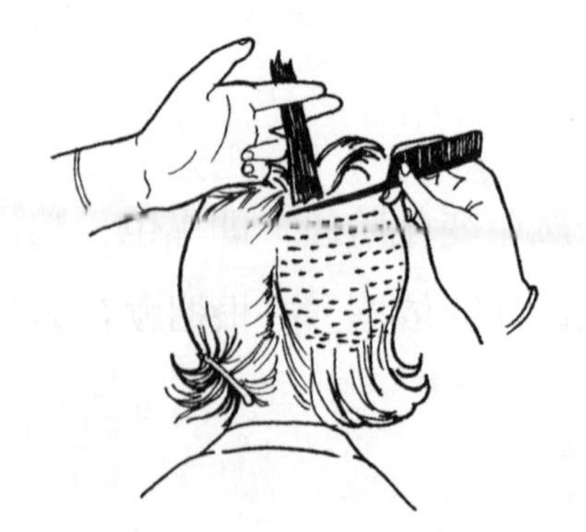
▲ 图8-27 分层

▲ 图8-28 涂抹染膏

（7）取一条毛巾，扭成绳状围在发际边缘，防止漂发剂沾到顾客的皮肤上。

注：局部漂发中除刷漂法以外，其余三种均与全部漂发的涂抹方法相同。

（九）确定漂发时间

根据小发束头发预先测试的结果，确定整个漂发的确切时间，同时不忽视对发色的观察，灵活掌握时间。漂发一般不需要加热，如若加热要相应缩短时间，并在头发完全冷却后才能冲洗。

（十）消除漂发剂

当头发颜色已达到所需要的颜色时，轻轻地用温水将头发洗净冲净。此时应选用酸性洗发液和护发素（图8-29、图8-30）。

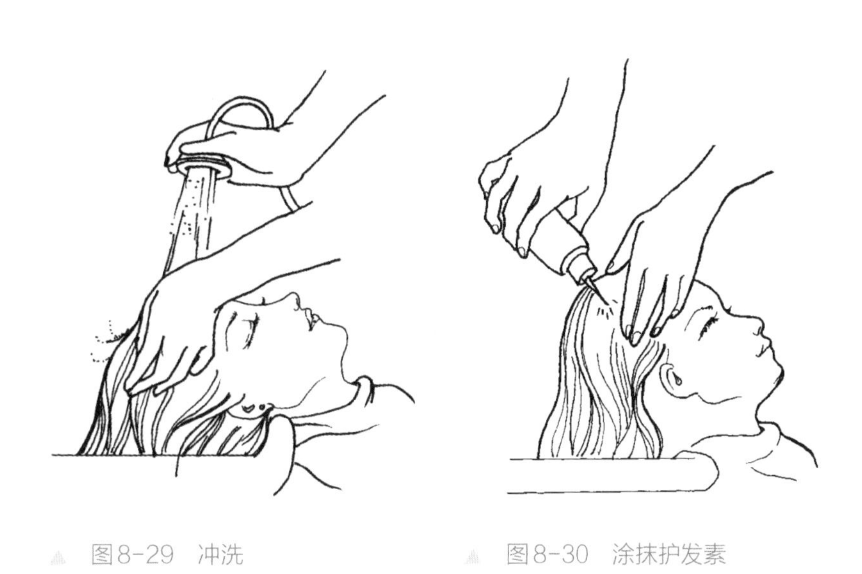

图8-29　冲洗　　图8-30　涂抹护发素

（十一）吹干头发

用毛巾吸出头发上多余的水分，再用吹风机烘干（图8-31）。

（十二）检查头皮和头发

检查头皮是否有擦伤，头发是否有断裂。如果一切正常，方可进行下一步操作，如染发或修剪造型（图8-32）。

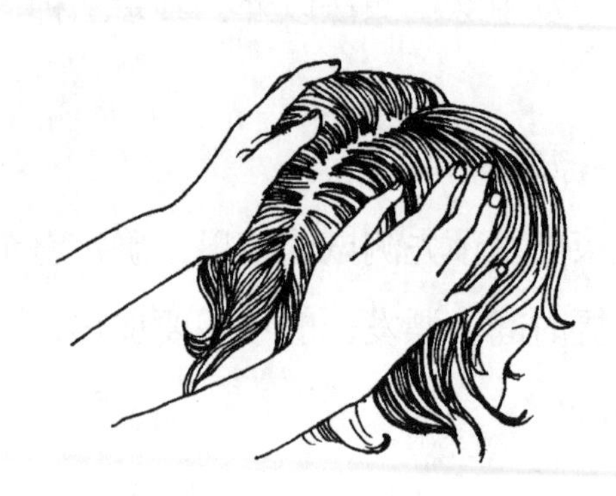

▲ 图8-31 吸干水分　　▲ 图8-32 检查头发与头皮

四、漂发的问题分析

在漂发操作过程中，经常会遇到各种不同的问题，作为美发师应正确分析问题的原因，使问题及时得到缓解和消除，直到顾客满意为止。

（一）漂过头发后，出现着色不均匀现象或有色斑

原因：

（1）涂放漂发剂不均匀，有薄有厚。

（2）没有做均衡发色的处理。

（3）涂放漂发剂的顺序不正确。

（二）没有达到理想的颜色

原因：

（1）双氧乳选择的浓度不正确。

（2）涂放漂发剂量不够。

（3）停放时间太短。

（三）漂发之后，出现轻微褪色现象

原因：

（1）漂粉与双氧乳的调配比例不正确。

（2）漂发后，头发没有冲洗干净。

（3）过度的太阳光、紫外线照射。

（4）洗发过于频繁。

（5）漂发之后烫发。

（6）过度吹风。

（四）漂发后出现干枯、折断现象

原因：

（1）自身的发质属于干性或受损性。

（2）漂发剂的调配不当。

（3）涂放漂发剂量过多。

（4）停放时间过长。

（5）用密齿梳梳发，并用力过猛。

（6）漂发后没有得到及时的护理。

第五节　染发操作

漂发和染发在操作方法上有其相同之处，但在一些细节上仍有所区别，如染发剂的涂放方法，头发的补染技巧，染发剂涂放的效用时间等，这些细微的变化主要取决于头发的染深和染浅。

一、练习要点（以永久性染发为例）

（1）染发前要检查顾客的头发与头皮，并做染发剂与皮肤和小发束的接触试验。

（2）染发时涂抹要均匀，染发剂在头发上的停留时间一般为40分钟左右，最长不可超过90分钟。

（3）染深头发时，可从发根开始涂抹，而染浅头发时，则最后涂抹发根处。

（4）漂发剂不要掉到顾客脸上或是衣服上，应准备必要的清洗和缓解物品，及时进行清洗。

（5）美发师操作时要戴防护手套。

（6）必须填写好顾客记录卡，存档以备下次查阅。

二、安全与准备工作

由于染发涉及使用各种具有潜在危险的化学物质，因此在处理产品、为自身及顾客做准备工作时，必须小心谨慎，才能安全且成功地完成染发服务。

（一）准备工作

1．信息

工作日当天一开始就需备妥顾客记录卡以便随时取用。预约簿里记载着所有当天将来访的顾客资料，包括造访日期、服务提供者姓名、曾接受过的化学服务、任何做过的测试结果与其他备注事项等。收集好顾客在预约之前做过的所有测试结果。若发现任何不良反应或禁忌证，切勿进行永久性的化学服务，并向顾客说明情况，可提出暂时性或半永久性的染发建议。使用任何染发产品时，必须遵循制造商的使用说明。

2．工具

染发所用工具有染膏、双氧乳、刷子、塑料小瓶、塑料小碗、量杯、棉棒、护手套、凡士林油、锡箔纸、带孔塑料帽、发梳、夹子、毛巾、围布、染发用披肩、洗发液、护发素、计时器、记录卡。

将所有染发产品及顾客记录卡在同一地方摆放就绪。这么做有几个好处：节省后续调配产品的时间，有助于发廊进行库存管理；调配染发产品时，不要胡乱添加染色剂或显色剂。添加剂量会直接影响染发的效果。

3．替顾客披上顾客袍

必须确保在开始程序之前，已保护好顾客皮肤及其衣物。大多数的发廊都备有染发及漂色专用的“不沾色”顾客袍（图8-33），这种长袍用合成纤维紧密编织而成，能防止溅上去的颜色渗透到顾客的皮肤或衣物上。在替顾客披上顾客袍时，必须使所有开口密合并绑紧带子。更重要的是，必须用塑胶围巾披在顾客的肩膀上，塑胶围巾须束紧，但又不能过紧，以便使顾客在服务全过程中感觉舒适。最后，将一条染发专用的毛巾绕肩铺在塑胶围巾上。

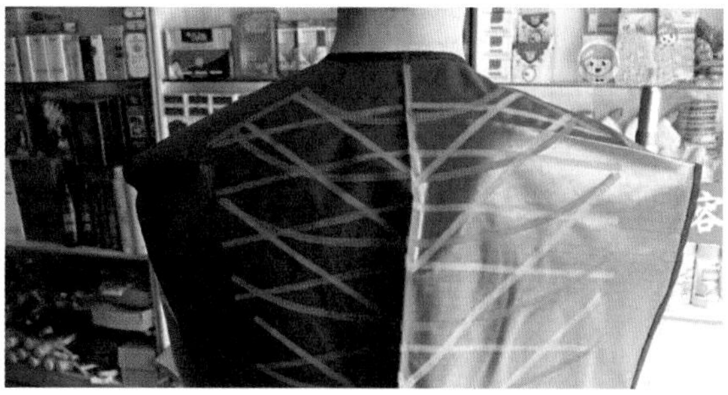

图8-33 顾客袍

4．座椅的位置

须用塑胶椅套套住椅背。若没有塑胶椅套，则可将染发专用的毛巾横放铺在椅背，并可用大发夹把毛巾两端夹稳在椅子上，请顾客在坐着时，背部平贴后方的椅背。

5．工具车

应将染发所需的器材置于工具车上，并将工具车推至合适的位置。此外，应将符合顾客发长的挑染专用锡纸、梳子、大发夹等工具进行清洗、消毒，准备就绪。

6．操作者

操作者个人卫生及安全也非常重要。应以谨慎的态度执行事前的准备工作，在处理危险性化学物质时，尤须小心。穿上干净的染发围布，绑紧并系结。接着拿一只一次性塑胶手套并戴上。

（二）注意事项

（1）当顾客的头发在染发中使用加热器时，必须每隔一段时间查看顾客的舒适度与设备是否过热。

（2）必须检查设备的操控装置，以确保时间及温度的设定正常。

（3）在调配任何产品之前，需查看制造商的使用说明，以了解调配的建议用量与数量。

（4）在进入染发程序之前，必须先替顾客做皮肤测试。

（5）取出适量的染发产品后，须及时把瓶盖盖好。因产品接触空气过久，会影响其效能。

（6）从库存取出产品时，必须记录库存剩余的数量。

（7）妥善安排自己的时间。必须在顾客光临之前将所需的器材与工作区准备就绪。

（8）切勿以潮湿的双手触碰电联设备，使用时须弄干双手。

（9）不要视溅洒出的染剂于不顾，应趁双手仍戴着手套时立即擦干净。

（10）不要一次调配过多的产品以免浪费，发现用量不够时再重新进行调配即可。

（11）尚未穿戴正确的个人安全装置之前，切勿进行染发程序。

（12）完成服务之后，填妥顾客资料/记录卡并确认已准确记下日期、时间、使用器材的变更等所有细节。

三、操作步骤及方法

染发的操作步骤及方法可参照第四节“漂发操作”中的操作步骤及方法。

由于染发中的染深和染浅是两种不同的操作方法，因此需逐一说明。

（一）染深

染深是将原有的发色加深，常用于遮盖白发。

（1）安置顾客（参照漂发要求）。

（2）检查顾客的头发与头皮（参照漂发要求）。

（3）做药剂与皮肤的接触试验（参照漂发要求）。

（4）做小发束染深的试验（参照漂发要求）。

（5）发色的设计。

发色的设计主要以顾客所要求的颜色为依据，并且在染深的基础上，根据美学知识，色彩知识等为顾客设计出最终的发色。

（6）染发方法的选择。在永久性染发中，可以进行全部染深或局部染深。若是局部染深，还要根据发型设计的需要选择挑染、点染还是其他的方法。

（7）调配染发剂。染发剂主要是用染膏和双氧乳按1∶1的比例倒入小碗或药水瓶中搅拌均匀而成。不同的产品中，染膏和双氧乳的比例会有所不同，以说明书为准。染深所用的双氧乳应为6%。

（8）施加染发剂。染深可一次性涂放染发剂（图8-34）。同漂发一样将头发分四区，逐层、逐区涂抹。涂抹每层时可从发根处一次性直接涂抹到发梢。全部涂好后将头发集中固定到头顶部。

（9）确定染发时间。染发既可在自然状态下进行，也可运用红外线机器加热，但两者停放的时间是不同的。自然状态下的停放时间是30～45分钟；机器加热的停放时间一般为20～30分钟。加热后，在自然状态下还要等待10分钟左右，使头发完全冷却后才能冲洗（图8-35）。

（10）消除染发剂。当停放时间结束时，轻轻地用温水将头发洗净冲净，并选用酸性洗发液或护发素洗发。

（11）吹干头发并检查头皮和头发。

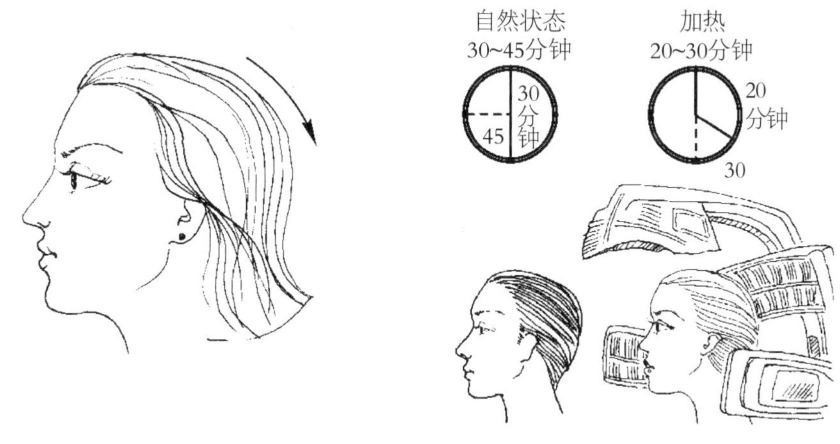

图8-34　染深的染发剂一次性涂放　　图8-35　染深的染发剂停放时间

（二）染浅

染浅是将头发染成浅于原有发色的一种染发方法。操作方法与染深略有区别，其操作步骤如下：

（1）安置顾客。

（2）检查顾客的头发与头皮。

（3）做药剂与皮肤的接触试验。

（4）做小发束染浅的试验。

（5）发色的设计。目前时尚的染色大多是选用染浅色，但主要还是取决于发色的设计。亚洲人的发色以深色居多，而时尚发色，如日光铜、烈焰红、春泥棕等都要浅于亚洲人的天然发色。为顾客设计发色时，要与客人的肤色、气质、发型的款式等相协调。

（6）染发方法的选择。同样是染浅头发也细分为全部染浅和局部染浅，根据造型设计需要提前选择好染发方法，以使操作更加顺利。

（7）调配染发剂。染浅中的染发剂是由染膏和双氧乳根据产品说明书中的比调调配而成的。与染深不同的关键是双氧乳的选择。要根据染浅不同度数，选择6%、9%或12%的双氧乳。

（8）施加染发剂。施加染发剂的关键是二次涂放。涂放的方法与漂发相同。将头发分成四区或前后两区，先染发干和发梢，停放一定时间后再染发根，再继续等待一段时间，这样才完成染浅发色的涂抹步骤。

（9）确定染发时间。发干和发梢在自然状态下的停放时间一般为30分钟，若机器加热则为20分钟。发根在自然状态下的停放时间为20分钟，机器加热为15分钟（图8-36）。

（10）消除染发剂。分别用洗发香波和护发素洗头并彻底冲洗干净。

（11）吹干头发并检查头皮和头发。

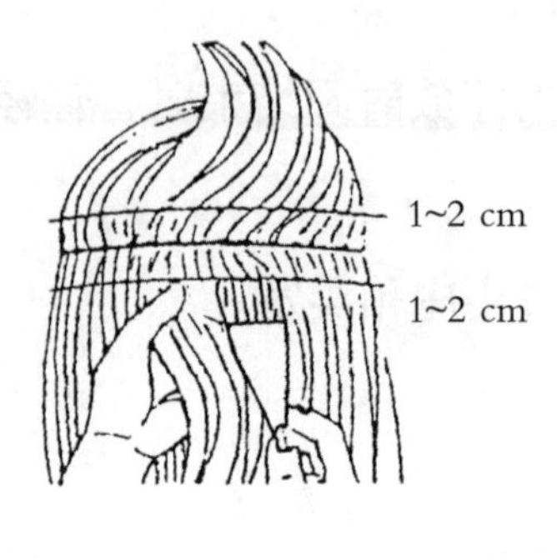

a.先染发干和发梢

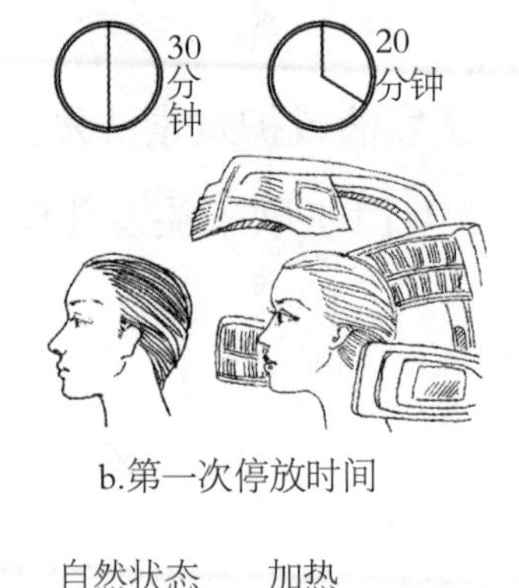

b.第一次停放时间

1~2 cm
1~2 cm

c.再染发根

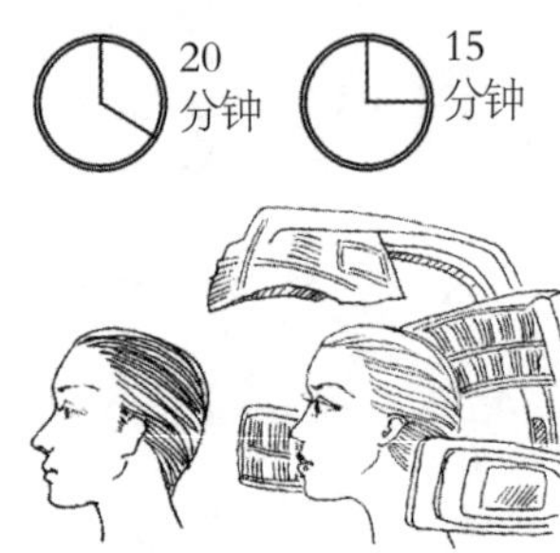

d.第二次停放时间

▲ 图8-36 染浅

（三）补染

补染是只染新长出的头发，使发根和已染过的发色保持一致。补染的难度较大，技巧性高。根据新长出头发的长短不同，涂抹的先后顺序也略有区别，在这里只介绍一种长出新发2 ~ 3 cm后的补染方法（图8-37）。现将主要步骤介绍如下，其他步骤可参照染深的方法。

（1）涂放染发剂在发根新长出的部分。

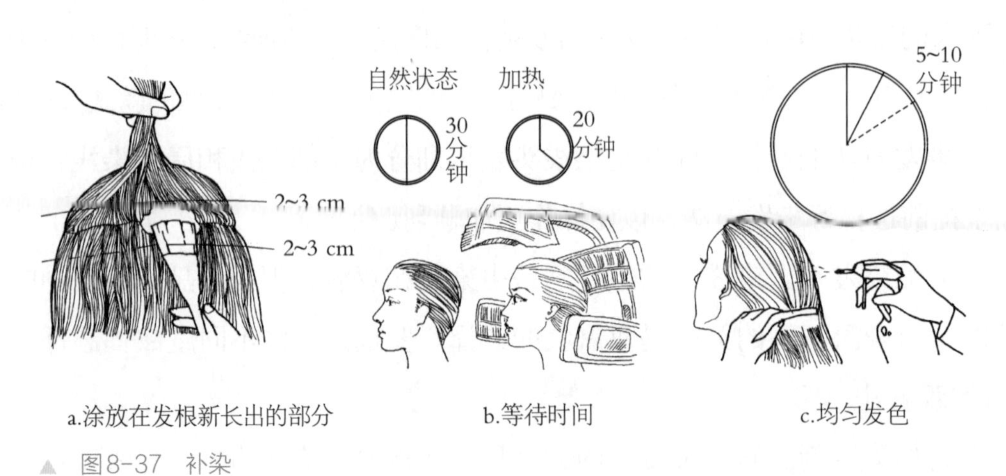

a.涂放在发根新长出的部分　　b.等待时间　　c.均匀发色

▲ 图8-37 补染

（2）等待时间。不加热为30分钟，加热为20分钟。

（3）均匀发色。喷湿发干到发梢后把染料从发根轻梳到发干和发梢上。

（4）等待时间。5～10分钟。

补染中染膏的颜色选择要根据发干和发梢曾染过的颜色为准。另外还应考虑染过发色的褪色程度，灵活调整染发剂的调配比例并灵活选择双氧乳。

（四）染白发

染白发一种是将全头直接染黑来遮盖白发发式，可用染深的方法一次性涂抹即可。另一种则是本身有白发但又不想染黑，而想染成时髦色。若既想将头发染成自己喜欢的目标色，又得遮盖住白头发，操作上便稍稍增加了些难度，关键步骤是染膏的调配。

操作步骤如下：

（1）确定白发的数量。分为25%、50%、75%三种，分别是白发量占1%～25%，视为25%，即1/4；白发量占26%～50%，视为50%，即1/2；白发量占51%～100%，视为75%，即3/4。

（2）确定目标色。

（3）染膏的调配。白发量×需用染膏量×目标色的基色+其余目标色的染膏量。

如：白发量20%，目标色304/66，需用染膏量60 mL，目标色为304/66，目标色的基色为：304/0。

1/4×60 mL 304/0 +3/4×60 mL× 304/66

即为：15 mL的304/0+45 mL的304/66，双氧乳的用量为：60 mL。选择6%的双氧乳。

（4）涂放染膏。从白发较多的部位开始，因为白发部位比其他部位的头发需要更多的色素粒子。

染发中的其他操作要求均与前述相同。

（五）挑染

用锡纸或染发纸进行挑染，是塑造多种效果最常用的挑染技巧。下面以编织式挑染为例（图8-38）。

图8-38　编织式挑染

操作步骤如下：

（1）用发刷刷头发，查看头发的生长模式，寻找自然分界线区，以确认头发最终的纹理。

（2）确认已将所需工具放在手边，包括剪好适合长度的锡纸，穿戴好手套及围裙。正确调配好产品。

（3）将头发分成两部分，先从后脑的枕骨处着手，将暂不需要处理的头发隔开并固定。用尖尾梳以水平方向挑取一部分头发，从该部分中以编织的方法挑出薄薄一层头发。

（4）将比头发长度略长的锡纸放在挑出头发的下方。并将染发剂/漂发剂均匀涂敷在挑出的头发上。

（5）将锡纸对折两次（视需要将边角卷起来）。用另一种颜色染发剂/漂发剂继续处理下一部分的头发。

（6）在后脑勺两侧重复前述程序。

（7）全程监控产品的反应流程，必要时加热，以加速程序。注意确保顾客的舒适度。

（8）每块锡纸需个别独立卸除和冲洗，直到产品被彻底洗净为止。（此时可确保颜色不会溢流或互相沾混）最后用抗氧化剂洗发和揉发。

四、染发的问题分析

染发同漂发一样，在实际操作过程中会遇到很多不同情况的问题。

（一）染后的发色略有褪色现象

原因：

（1'）洗发过于频繁，并使用了碱性强的洗发液。

（2）染发之后进行了烫发。

（3）过度的太阳光、紫外线照射。

（4）染发后清洗不彻底，头发上仍有化学作用的残余物。

（5）染发剂在头发上停放的时间过短。

（6）吹发时常选用高温高速挡。

（二）补染后出现着色不均匀现象

原因：

（1）涂放染发剂有薄有厚。

（2）没有做均衡发色的处理。

（3）染膏的颜色选择与原有发色差异过大。

（三）没有达到理想目标颜色

原因：

（1）双氧乳选择的浓度不正确。

（2）涂放染膏量不足。

（3）停放时间太短。

（四）染浅发梢没有达到目标色

原因：

操作不正确，染浅应分为两步进行。

（五）染发注意事项

（1）染后最好3天之后再洗发，这样可以使头发中色素粒子不容易流失。

（2）向顾客推荐家用护发产品，如染后香波产品和染后焗油产品。它们是特意为染发后保养而精心研制成的，使用它们可使染发效果艳丽，保持时间更长久。

表8-1为常见的染发问题及矫正方法。

表8-1　染发缺陷及矫正方法

状态	可能的原因	矫正方法
染后的颜色不均匀	（1）染剂的遮覆不足 （2）上色不当 （3）化学物质的调配不当 （4）每次染色的头发部分太厚 （5）重叠涂敷，导致染剂增厚 （6）未完成化学反应程序（未等待产品完全反应完毕）	用点染法修补斑驳的颜色圈

续表

状态	可能的原因	矫正方法
颜色太淡	（1）选错颜色 （2）过氧化氢的浓度过高，导致漂浅 （3）过氧化氢的浓度过低 （4）未完成反应程序 （5）头发的健康状况不佳	（1）选择较深的颜色 （2）确认浓度，并进行补染 （3）使用护发产品
褪色太快	（1）阳光或游泳所致 （2）过于激烈的程序：过度染发、陶瓷拉直发等 （3）头发的健康状况不佳 （4）未完成反应程序	（1）在下一次染发之前，先处理头发状况 （2）正确完成流程
颜色太深	（1）选错颜色 （2）过度作用 （3）头发的健康状况不佳	需要资深人员的协助
颜色太红	（1）过氧化氢的浓度过高，以至于露出下层颜色 （2）头发的漂色不够 （3）未完成反应程序	使用无光泽（喑哑）/绿色色调染发剂补染
变色	（1）头发的健康状况不佳 （2）用未稀释的染发剂重复地梳理头发	（1）用颜色轮来矫正不必要的色调 （2）需要资深人员协助
未能遮盖白发	（1）排斥过氧化氢/染发剂 （2）调配后的颜色中缺乏基色	（1）进行预先软化头发 （2）以正确的基色与色调确定用量，进行补染
头发排斥染发	（1）毛表皮过度紧密堆叠 （2）未完成反应程序 （3）选色错误 （4）调配或程序不当	（1）进行预先软化头发 （2）补染 （3）需要资深人员的协助
头皮刺激或皮肤反应	（1）产品反应完毕后，未彻底清除头发上的化学物质 （2）过氧化氢的浓度过高 （3）工具的品质不佳，导致磨损头皮 （4）顾客对于化学物质产生过敏	（1）再洗一次头，并用抗氧化剂护理 （2）需要资深人员的协助 （3）转给医生就医/送医

想一想

1. 色彩的基本要素是什么？
2. 什么是互补色？
3. 漂、染发前的准备工作有哪些？

4. 染发后为什么会出现着色不均匀现象？

5. 色彩在发型中的运用。

练一练

1. 试着为一位顾客做全头漂发。顾客头发的颜色是黑色，要求只漂到浅褐色即可。

操作提示：注意涂抹顺序、时间的控制等。

2. 为一位有白发的顾客染自然黑色。

3. 为一时尚女性做点染。颜色可根据顾客的肤色、气质等进行设计。

第九章

盘发与造型

盘发造型是美发技艺中最具传统性的特殊技术，在创作理念、设计技巧乃至用途上，与以削剪技术等为基础的现代发式有很大区别。盘发具有很高的艺术感染力，美发师利用梳、削、扭、卷和堆砌环绕、编织打结等操作技法，将头发盘结成型，再加饰物点缀，创造出典雅、秀丽的发型。

第一节　盘发的分类及工具

盘发使我们的头发可以一发多型，长发短梳或短发长梳，适应我们在不同场合的整体造型需求，达到美化生活的作用。

一、盘发分类

为了适应不同场合，盘发大致分为四大类：生活盘发、宴会盘发、婚礼盘发和表演盘发。

二、各种盘发的特点

（一）生活盘发

生活盘发如图9-1、图9-2所示。

（1）特点：容易梳理、简单、实用、耐久。

（2）常用手法：各种辫子盘绕成发髻。

（3）造型原则：收紧头发，体现简洁、大方、自然、亮丽与流行的原则。

▲ 图9-1　生活盘发（一）

▲ 图9-2　生活盘发（二）

（4）注意事项：减少琐碎、繁重的设计，以凸显干练的风韵。

（二）宴会盘发

宴会盘发如图9-3、图9-4所示。

（1）特点：体现现代与古典的美感，突出高贵感与华丽感。

（2）常用手法：包髻、波纹等古典盘包手法。

（3）造型原则：突出雍容华贵、光彩照人的特点。

（4）注意事项：

① 梳理发丝要光滑、波纹流畅、精雕细刻。

② 发型多用于晚间，应配以晶莹闪烁，溢彩流光的珠宝饰物。

▲ 图9-3 宴会盘发（一）

▲ 图9-4 宴会盘发（二）

（三）婚礼盘发

婚礼盘发如图9-5、图9-6所示。

（1）特点：体现新娘的纯洁、秀美和新婚的喜庆。

（2）常用手法：波纹、卷筒手法。

（3）造型原则：要求与服饰协调，线条明快，突出自然清丽的个性。

（4）注意事项：衬以淡雅的鲜花或晶莹的头饰使新娘给人以清纯俏丽的甜美感觉。

▲ 图9-5 婚礼盘发（一）

▲ 图9-6 婚礼盘发（二）

（四）表演盘发

表演盘发如图9-7、图9-8所示。

▲ 图9-7 表演盘发（一）

▲ 图9-8 表演盘发（二）

（1）特点：发型新颖、夸张，充分体现发型师的构思。

（2）常用手法：手摆波纹。

（3）造型原则：在前发区和顶发区制造，造型鲜明，进行夸张处理，富有立体感。

（4）注意事项：突出发型的艺术感染力，与流行相结合。

三、盘发工具

盘发需要很多辅助的工具才能进行操作，只有认识它们，并学习它们的使用方法，灵活和熟练的运用各类工具，才能设计出各种盘发发型（图9-9）。

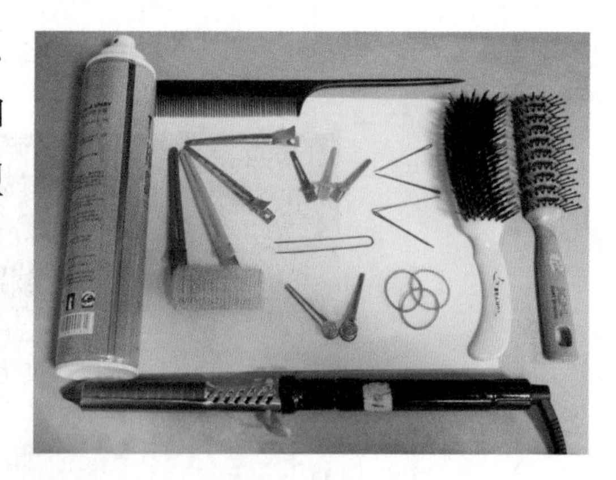

▲ 图9-9 盘发工具

1．尖尾梳

主要用于梳发，分发片和逆梳头发。

2．包发梳

主要用于逆梳后发片表面的梳顺。

3．发夹类

（1）带齿的长夹：用于固定发区较多的头发。

（2）平面鸭嘴夹：用于固定发区和暂时固定波纹头发。

（3）波纹夹：用于暂时固定较窄的发片和较小的发条。

（4）发夹：用于固定头发。

（5）U针：暂时固定造型较高的头发和连接底部较蓬松的头发。

4．卷发钳（电热棒）

钳卷头发，使头发更加自然，更具动感。

5．发胶

用于固定头发，以保持发型的持久性。

6．橡皮筋

用于收拢和固定头发。

7．恤发筒

用于增加头发弯曲的纹理和发量，使头发更具动感。

尖尾梳、排骨梳、发胶和多数夹子的使用，在修剪课上都介绍过，而包发梳、平面鸭嘴夹、波纹夹、U针等工具，将在盘发技法中学习使用。

第二节　盘发的基本技法运用

看似复杂、烦琐的盘发造型，实际上是由各种基本技法组合而成的，只要熟练地掌握好各种技法，将其在发型中合理地运用，就能创造出形态各异、美不胜收的盘发发型。

盘发的基本技法主要有：发辫、扎束、扭绕、逆梳、电热棒卷花、卷筒、波纹、盘包。

一、发辫

发辫，人们并不陌生，发辫的编梳是历史悠久的发型技艺，从古到今无论哪个民族都有其独特的发辫造型，我们的长辈也多会编一两种简单的发辫。近年来，新的编梳技巧又引起广大女性（包括一些男性）的关注。发辫是盘发造型基础，通过发辫技巧的学习也能训练手指灵活性。

（一）发辫的基本知识

1．股

把全部或部分发丝分成均匀的小发束，在发辫中称为“股”或“手”。

2．“反”与“压”的关系

压：取若干股发束，若最右边的一股为第一股，依次向左类推为第二股、第三股……将第一股放在第二股上叫“压”。

反：将第二股放在第一股上叫“反”。

发辫编织主要是利用“反”“压”两种关系，将各股发束相互编织起来。

（二）发辫的编结方法

1．两股辫

两股辫（图9-10）是将全部的头发分为两大束，每束头发分成两股，向同一方向扭紧，再将两束头发，向反方向扭紧成造型。

2．鱼骨辫

鱼骨辫（图9-11）是每束头发分成两股，每股头发分一小束发条从外侧向另一束发束汇合一股，再从汇合的发束中分出一小束发条与第一束发束汇合成一股。依此类推成发辫造型。

▲ 图9-10 两股辫造型图

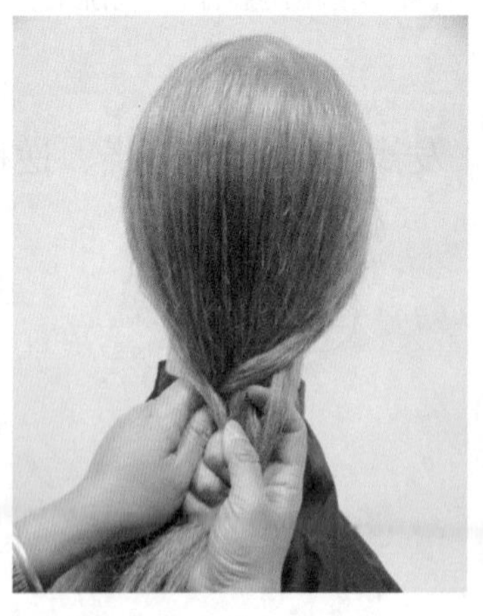

a

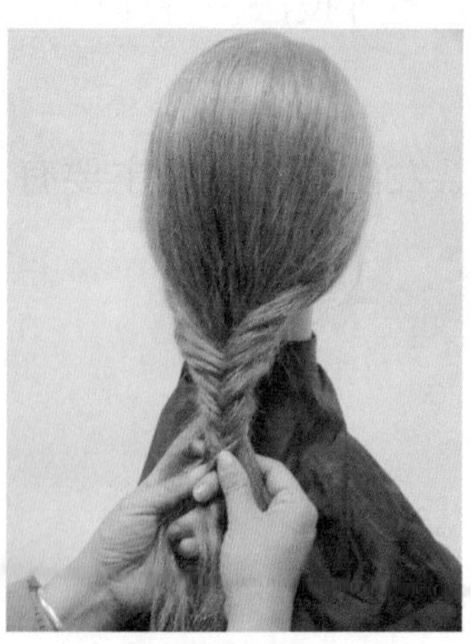

b

▲ 图9-11 鱼骨辫

3．三手辫

（1）三手正辫：发束分三股，一压二，三压一，二压三，一压二，依此类推成造型。

（2）三手反辫：发束分三股，二压一，一压三，三压二，二压一，依此类推成造型。正手辫与反手辫的效果不同，正手辫辫型收敛，反手辫辫型突出。

（3）三手加发辫（图9-12）：每次压发时从头部挑一股新的发束加入到发辫中，分为单侧加和双侧加。

（4）三手减发辫：每次压发时从该发股中挑出一小束发条不辫入发片中，成为“流苏”状，再来设计造型（图9-13）。

a

b

图9-12　三手加发辫

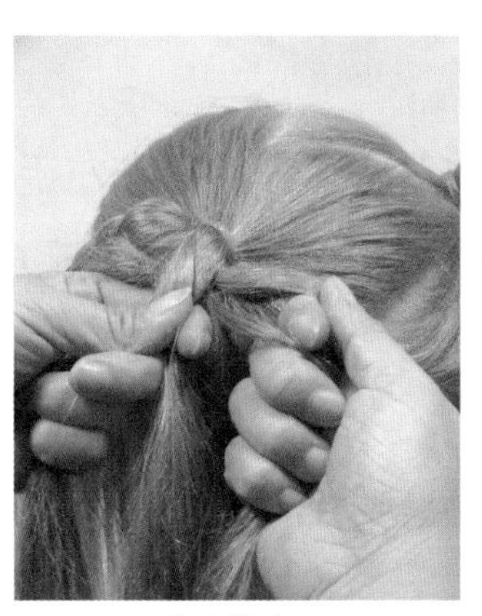

a.分小发束

b.“流苏”状

c.绕发根

d.发条外露

e.造型

图9-13　三手减发辫

▲ 图9-14 彩带辫造型

4．彩带辫

彩带辫（图9-14）是发束分成一、二、三号三束发条，加彩带与发根处成四条，一压二，彩带压一，一压三，三压彩带，二压三，彩带压二，二压四，四压彩带，依此类推，使发带保持在发辫中心。

彩带辫加发，通过控制新加入的发条长短，设计出不同的造型。

二、扎束

扎束是将所有或部分头发用皮筋固定在不同的部分上，形成马尾状。

它的作用：为扎髻服务，是完成好扎髻的前提条件。

（一）操作步骤

先将钢发夹挂在皮筋的一头，左手握住头发并把皮筋的另一头套在左手拇指上，右手用钢发夹带着皮筋顺时针绕过头发根部后，钢发夹从皮筋内穿出再反方向绕皮筋，绕紧后钢发夹横向固定在发根处。

（二）扎束马尾的分类

高位马尾：位于头顶部，与下颏成45°角倾斜（图9-15a）。

中位马尾：位于头部的枕骨处（图9-15b）。

低位马尾：位于枕骨下方，后发际之上（图9-15c）。

（三）扎束造型

扎束造型的分类如图9-16所示。

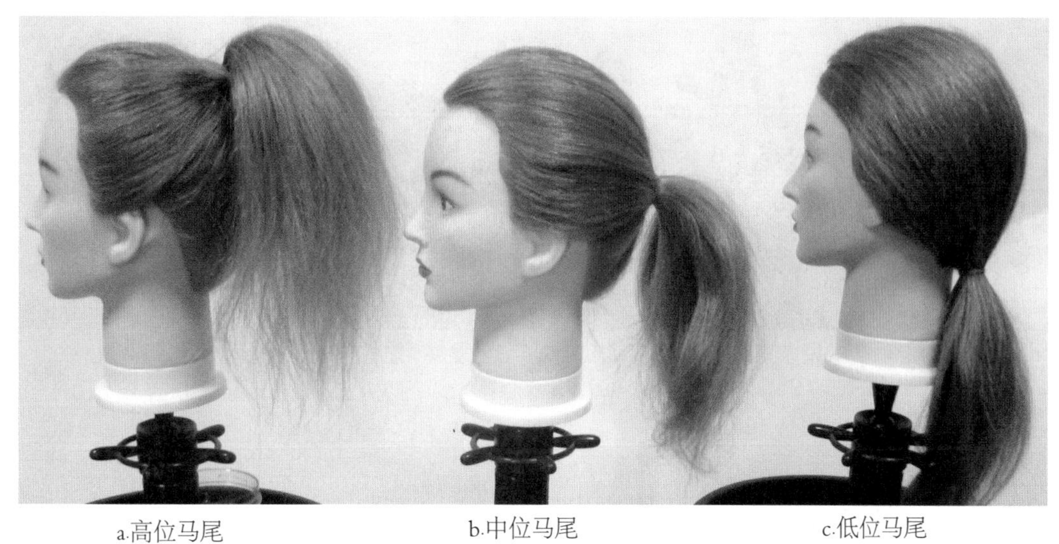

a.高位马尾　　b.中位马尾　　c.低位马尾

图9-15　扎马尾

三、扭绕

扭绕（图9-17）是将一股或两股头发加以旋转，紧密或宽松地扭成一种绳状的效果，它可以设计成多种款式，缠绕会将发量减到最少，使你可以缔造更小巧和更紧密的发型。

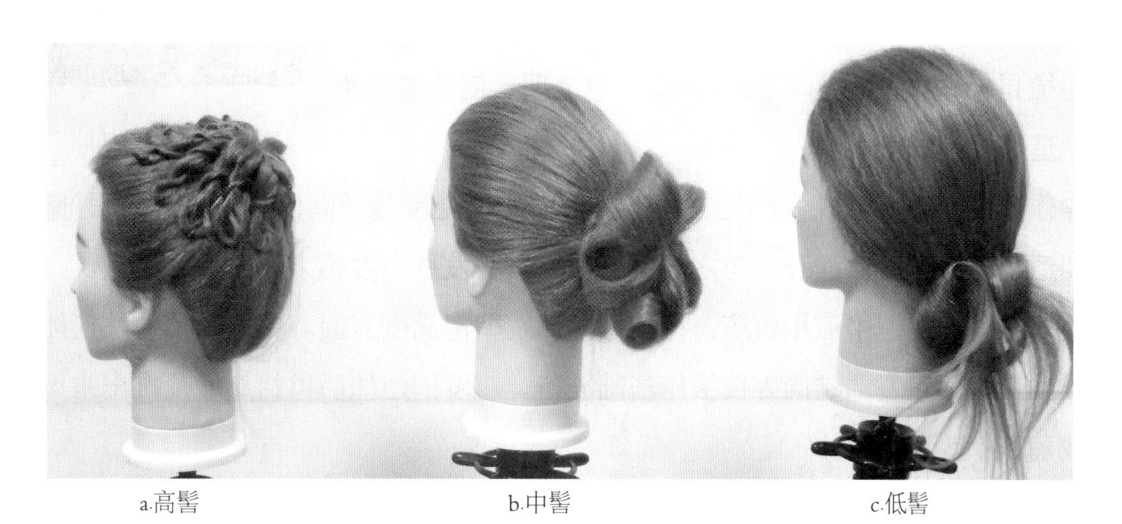

a.高髻　　b.中髻　　c.低髻

图9-16　高、中、低发髻

（一）扎束扭绕的运用

（1）分别扎高、中、低马尾。

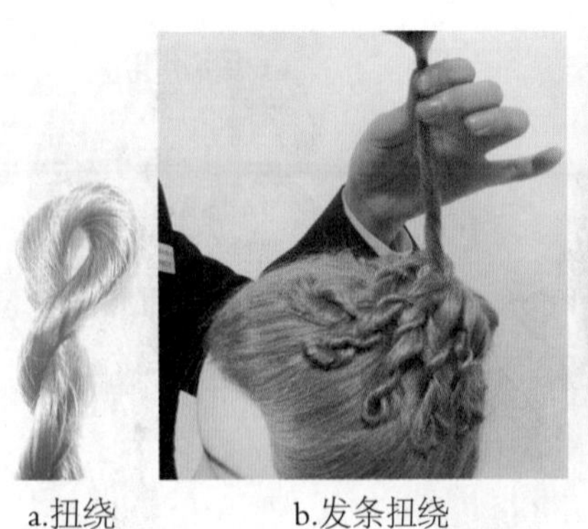

a.扭绕　b.发条扭绕

c.下发夹

d.扭绕造型

▲ 图9-17 扭绕

（2）马尾头发按发量分成若干股小发束。

（3）小发束向同方向扭绕后，围绕马尾发根处堆砌造型，下发夹固定。

（二）扭发片的运用

梳顺发束，将发束根部逆梳，梳顺表面，发片扭紧后下夹固定，分发片的形状决定造型的形状（图9-18）。

▲ 图9-18 扭发片造型

四、逆梳

逆梳是指用发梳逆着头发的生长方向梳理，使头发变得蓬松、造成凌乱的效果。

操作手法：左手握住发梢处，右手持梳向发根处反复逆向梳理。右手向根部逆梳，左手要适当将头发慢慢松开，与之配合，左手松开发片力度越大，蓬松度越大。

逆梳在盘发造型中应用较广，特别是增加发型饱满度方面。另外逆梳技法还能使发丝连成发片，为包发、卷筒等技法作基础准备。对发梢逆梳后再将头发反挑出来可呈放射状或菊花状等（图9-19）。

具体的逆梳技法分为三类：移动逆梳、平行逆梳、挑逆梳。

（一）移动逆梳

1．作用

使头发变得蓬松、增加发容量，连接较短的头发，方便成形。

a.逆梳发条

b.逆梳成菊花状

图9-19　逆梳

2．步骤

（1）左手拉直发片，按紧发片的中间，梳齿与头发纹理摆成垂直角度，向发根开始逆梳。

（2）一边逆梳，一边改变发片的提升角度，将较短的头发连接到一起。

（3）检查发片是否连接，发量的分布是否均匀，并加以调整。

（4）用包发梳或尖尾梳将发片表面及两侧梳光滑，并用发胶定型。

3．扎束、移动逆梳的运用

（1）分三区，扎高、中、低马尾，呈直线或斜线（图9-20a）。

（2）将发束中头发向不同方向移动逆梳，制造蓬松效果（图9-20b）。

（3）注意三束头发间的连接，使蓬松的头发连成一体。侧面不留空隙（图9-20c）。

a.扎高中低马尾

b.分方向移动逆梳

c.造型

图9-20　扎束、移动逆梳的运用

平行倒梳

（二）平行逆梳

1．作用

连接头发，方便发片的成形、造型。

2．步骤

（1）根据头发长度，左手拉直发片，按紧发片的中间，低角度提升（图9-21a）。

（2）尖尾梳梳齿与头发纹理摆成垂直角度，从发根开始逆梳至发尾（图9-21b）。

（3）注意梳与梳之间的距离要均匀。

（4）检查发片是否连接，发量的分布是否均匀，并加以调整。

（5）将发片压在左手掌上，将尖尾梳或包发梳的梳齿与发片摆成最低角度，从发根向发尾梳顺发片表面、两侧、底面，再加以发胶定型（图9-21c）。

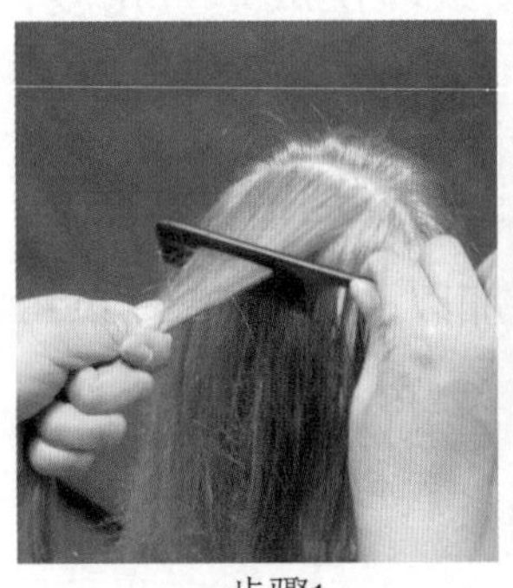
a.步骤1

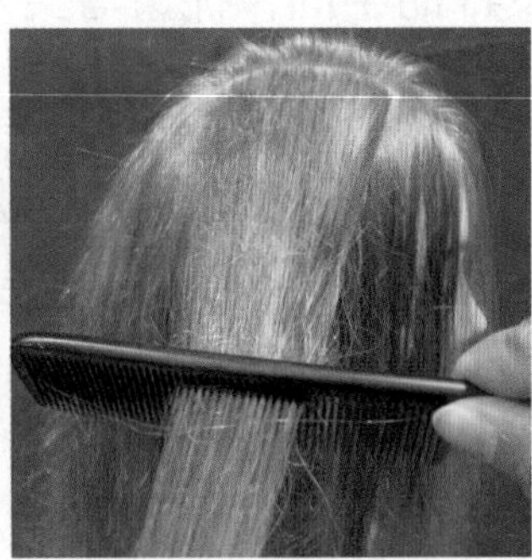
b.步骤2~4

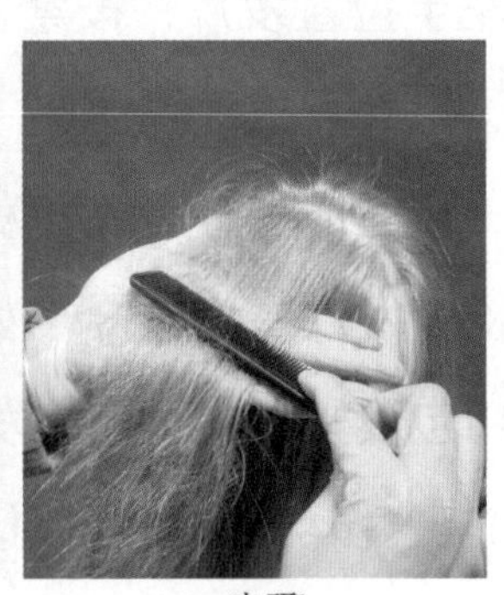
c.步骤5

▲ 图9-21 平行逆梳

挑倒梳

（三）挑逆梳

1．作用

突出发型的饱满度，增加单侧发容量。

2．步骤

（1）左手拉直发片，按紧发片的中间，右手拿梳按弧形向发根挑逆梳，挑松头发，发梳不穿透发片（图9-22a）。

（2）用包发梳将发片光滑的一侧梳光滑，加以发胶定型。

（3）发片一侧膨松，一侧光滑（图9-22b）。

（4）检查发片是否连接，发量的分布是否均匀，并加以调整。

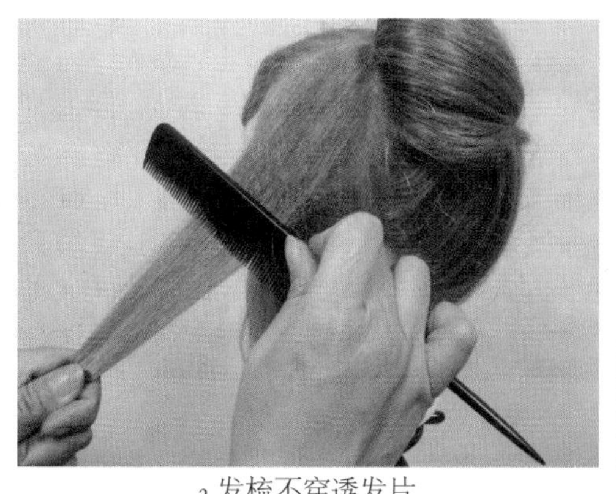

a.发梳不穿透发片

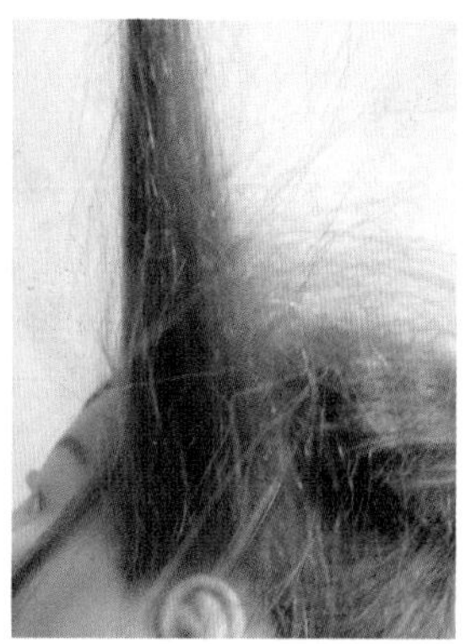

b.一侧蓬松

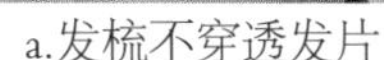

图9-22　挑逆梳

（四）扎束、平行逆梳、挑逆梳造型的运用

（1）将全头分成三个区域，耳前分左右两区，耳后成一区，并扎成高马尾（图8-23a）。

（2）将扎好马尾的头发逆梳使其蓬松，并梳光头发的外表面（图9-23b ~ c）。

（3）将整个马尾的根部向前压住，并用夹子固定好（图9-23d）。

（4）将头发向后拉回，梳成圆弧形，用夹子分别固定好两侧头发（图9-23e ~ h）。

（5）将左侧头发内侧逆梳后，梳顺头发表面，将头发向斜上方提起，固定在已做好的发卷上（图9-23i ~ k）。

（6）右侧同第5步同样手法（图9-23l ~ m）。

（7）同5、6步将发尾逆梳做发条造型（图9-23n ~ o）。

（8）将预留在发际边缘的两绺散发卷成螺旋状，使其自然下垂（图9-23p ~ r）。

五、电热棒卷花

利用电热棒的热量将发条、发片暂时电卷成卷花状，再进行设计和摆造型。

（一）电热棒技法分类

1．发尾卷

将发条从发尾卷起，再从发尾卷到发根。发尾卷发的效果只是发尾发片卷曲（参见图

a.分区　b.发束逆梳　c.梳光表面

d.固定发片　e.发尾向后提拉　f.卷紧发尾

g.下夹固定　h.两侧固定　i.侧发分区逆梳

j.左侧包卷筒　k.下夹固定　l.右侧包卷筒

m.下夹固定　n.发尾逆梳　o.做发条

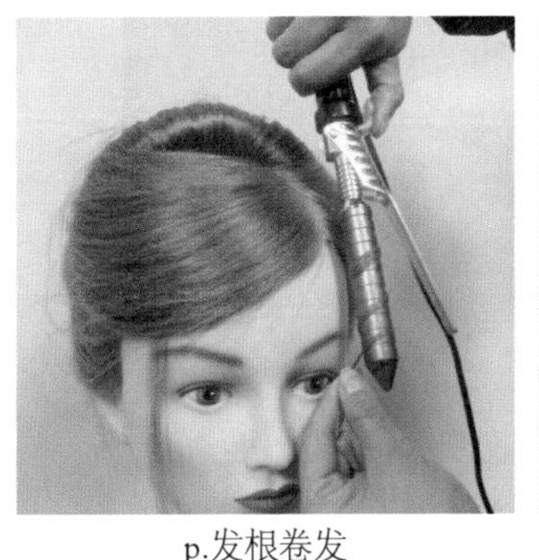
p.发根卷发

q.发尾卷发

r.造型

图9-23　扎束、平行逆梳、挑逆梳造型的运用

9-23q、图9-24）。

2．发根卷

将发条从发根卷起，再从发根卷到发尾。发根卷发的效果是整条头发都卷曲（参见图9-23p、图9-25）。

3．发尾卷、发根卷区别

发尾卷、发根卷区别参见图9-23r。

图9-24 发尾卷效果　　图9-25 发根卷效果

（二）电热棒的运用

（1）如图分3区，扎高、中、低马尾，三条马尾可以从左到右稍微斜向扎（图9-26a）。

（2）将每束头发呈5角形方向分出发片，发片用电热棒电成发卷，将电好的发卷按不同方向下发夹固定（图9-26b、c、d）。

（3）注意三束头发间的发片连接，使蓬松的头发连成一体。

（4）图9-26e、f、g为电热棒造型。

平卷

六、卷筒

竖卷

卷筒分为平卷、竖卷、斜卷（图9-27）。

斜卷

a.扎高、中、低马尾

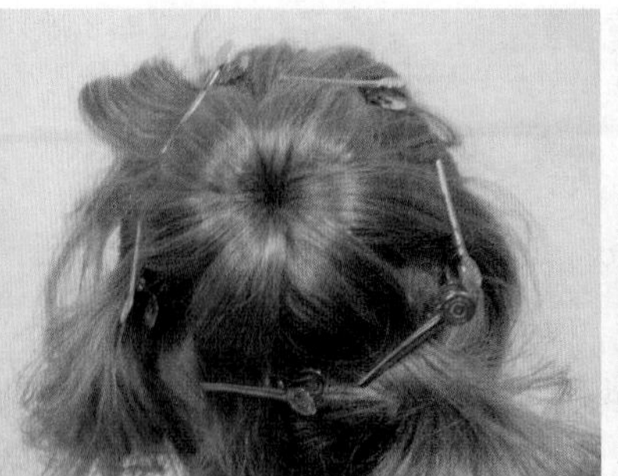

b.向不同方向分发片

c.发根卷发

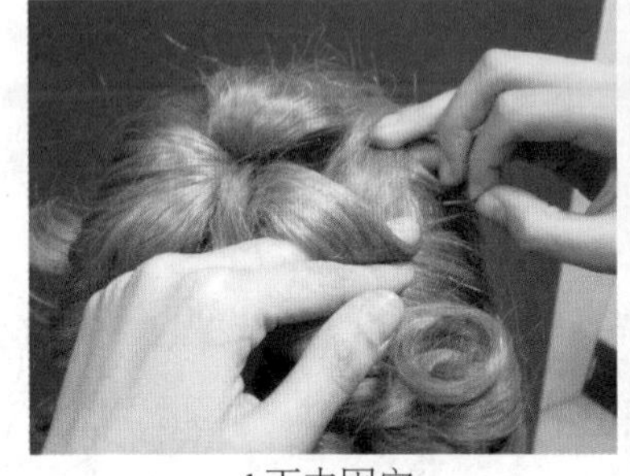

d.下夹固定

e

f

g

▲ 图9-26 电热棒的运用

a.平卷卷筒

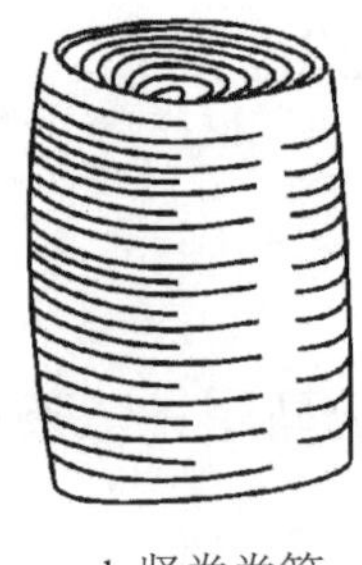

b.竖卷卷筒

c.斜卷卷筒

▲ 图9-27 卷筒

（一）卷筒

1．操作技法

卷筒是盘发造型中最基本的技法，将发片按所需要的平卷、竖卷、斜卷形状提拉发片，逆梳后梳顺发片表面，把发片卷左手食指上，以左右手指制作轴心（根据所需要的卷筒大小，定出左右手指相互的距离）从发尾卷至根部固定。适用于长直发，操作时发片要拉直，控制卷筒的宽度。

2．斜卷型卷筒的运用

（1）扎低马尾，马尾分五份，逆梳发片（图9-28a）。

（2）发片做直卷形卷筒斜摆（图9-28b）。

（3）在卷筒一半的位置下夹与头部连接固定（图9-28c）。

（4）调整卷筒间距离、方位，呈斜卷型卷筒造型（图9-28d）。

从这一技法衍生出变化性卷筒，如图9-29a、b、c；双重卷筒，如图9-30；层次型卷筒，如图9-31；波纹型卷筒；“8”字卷筒；玫瑰型卷筒。

下面重点学习层次型卷筒、玫瑰型卷筒、“8”字卷筒三种。

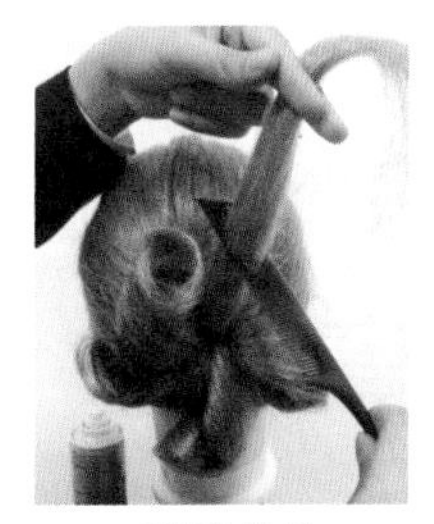
a.逆梳发片

b.直卷斜摆

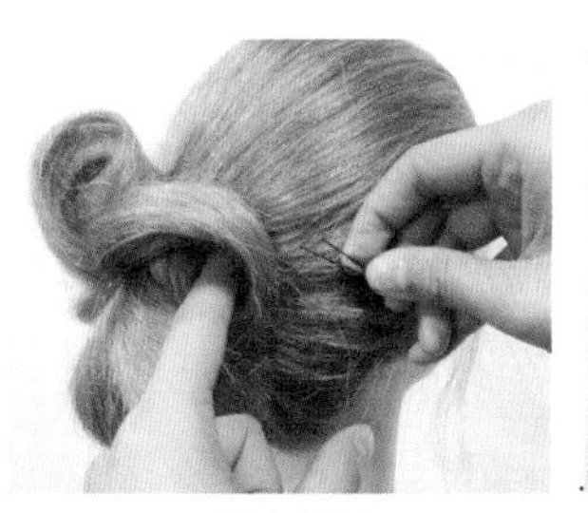
c.下夹固定

d.斜卷造型

图9-28 斜卷型卷筒的运用

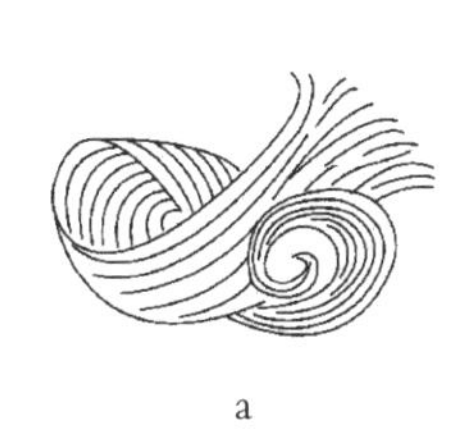
a

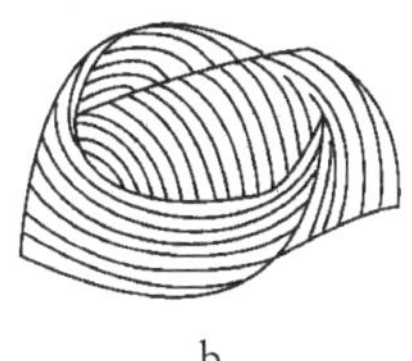
b

c

图9-29 卷筒变形

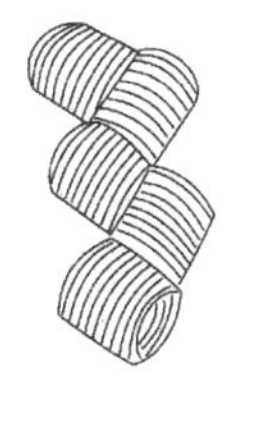
图9-30 双重卷筒

图9-31 层次型卷筒

（二）层次型卷筒

1. 平摆

平摆

将发片逆梳后梳顺发片表面，把发片卷在左手食指上以左右手指作轴心，根据所需要的卷筒大小，定出左右手指相互的距离，从发尾根部作卷筒，卷筒与发根保持一定距离，按所需要平卷、竖卷、斜卷的形状，摆放不同的方向固定。卷筒有层次效果。操作时，卷筒大小与卷度成正比。适用于长发。做法：

（1）左手拿发片拉直，右手拿梳，逆梳头发，梳顺表面。

（2）用直卷型卷筒方法，将发片卷至卷筒与根部所需的距离。

（3）将卷筒平摆在头部，下发夹固定（注意固定发尾），卷筒与根部起点拉开一定的距离（图9-32）。

竖摆

斜摆

2．竖摆

方法与平摆相同，只是将卷筒竖摆在头部下发夹固定（图9-33）。

3．斜摆

以相同的卷筒手法，将卷筒斜摆在头部，整个卷筒要露出来（图9-34）。

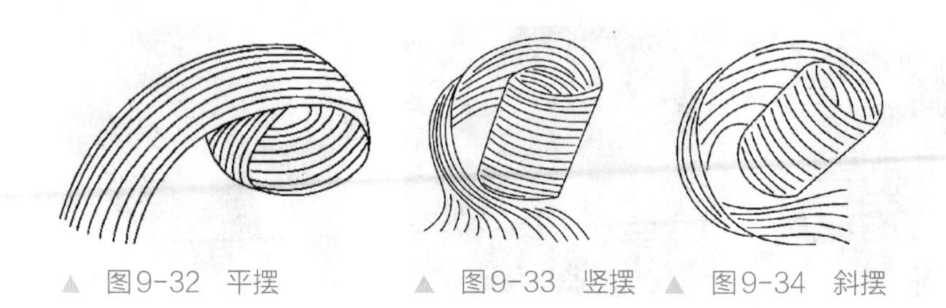

▲ 图9-32 平摆 ▲ 图9-33 竖摆 ▲ 图9-34 斜摆

4．层次型卷筒的运用

操作手法：

（1）分区（图9-35a）。

（2）头顶分3片做层次卷筒斜摆、竖摆，卷筒间相互错开（图9-35b ~ h）。

（3）两侧和后颈区包发（图9-35i）。

（4）刘海按设计方向逆梳摆造型（图9-35j ~ k）。

（5）层次型卷筒 竖摆、平摆、斜摆造型（图9-35l）。

玫瑰型卷筒

（三）玫瑰型卷筒

1．做法

玫瑰型卷筒适用于中长碎发或短发，多在头顶造型（图9-36a）。

（1）将发片逆梳，梳顺表面。把发片根部按所需的方向弯曲作斜摆卷筒，固定为花蕊（顺时针，逆时针均可）（图9-36b）。

（2）把余下的头发用盘的手法把发片摆斜，围绕花蕊作花瓣，从里向外逐渐增大至发尾（图9-36c）。

（3）发片按设计提升一定角度移动逆梳（图9-36d）。

（4）卷筒的外围绕圈盘成玫瑰卷效果（图9-36e，图9-36f）。

2．注意事项

（1）发片边缘要光洁。

（2）发片绕圈时，转弯点要下夹固定。

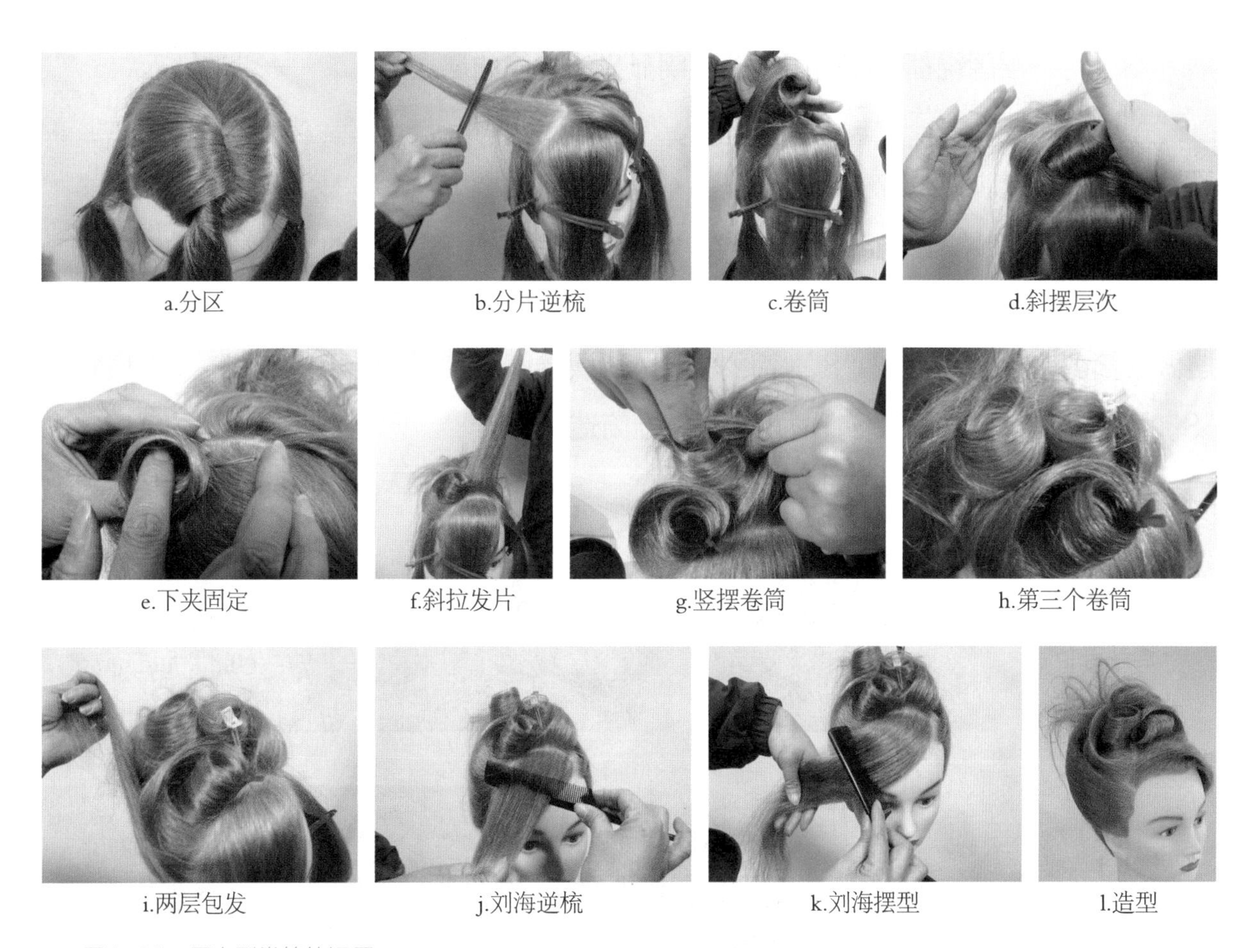

a.分区　b.分片逆梳　c.卷筒　d.斜摆层次

e.下夹固定　f.斜拉发片　g.竖摆卷筒　h.第三个卷筒

i.两层包发　j.刘海逆梳　k.刘海摆型　l.造型

图9-35　层次型卷筒的运用

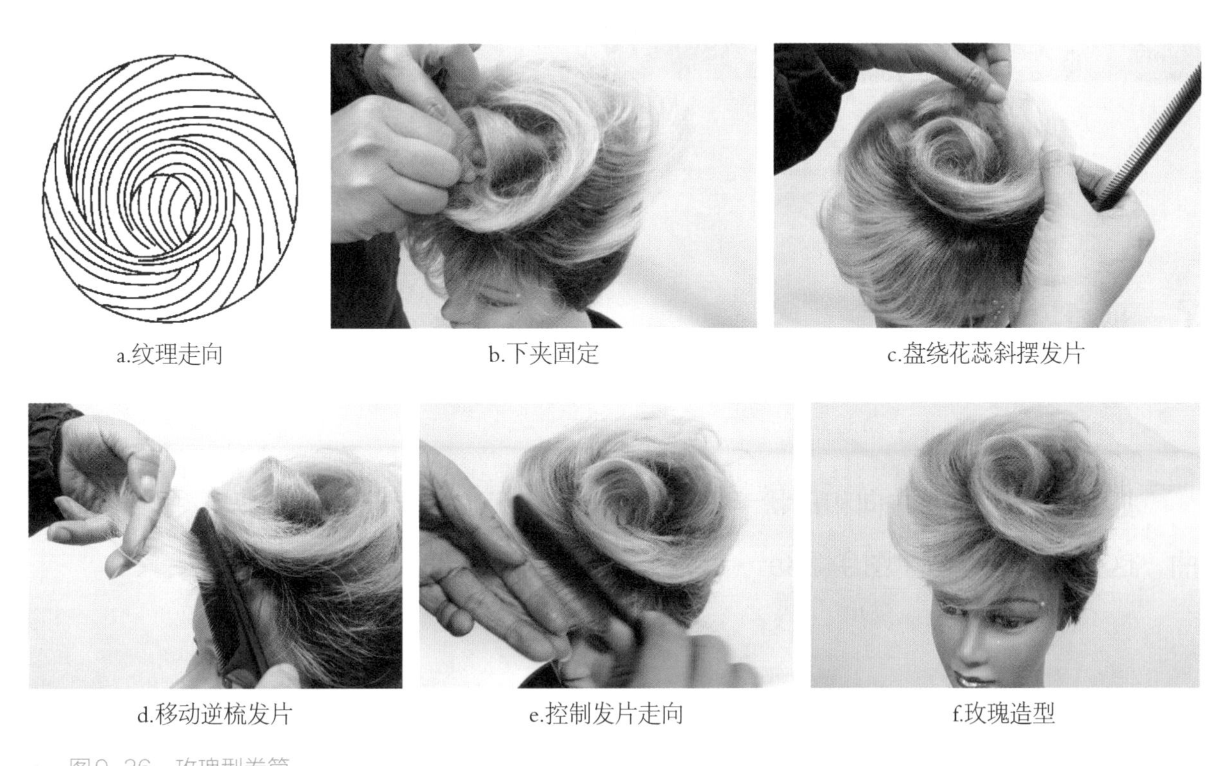

a.纹理走向　b.下夹固定　c.盘绕花蕊斜摆发片

d.移动逆梳发片　e.控制发片走向　f.玫瑰造型

图9-36　玫瑰型卷筒

（3）每一层围绕都要比内层低，要明显显出卷筒的层次。

“8”字卷筒

（四）“8”字卷筒

“8”字卷筒（图9-37a）适用于长直发和头顶上的造型。

做法：将发片逆梳后，梳顺发片表面。把发片根部按所需的方向弯曲斜摆做卷筒。余下的发片按“8”字形方向做斜摆卷筒至发尾，（图9-37b ~ e）形状成“8”字形纹理。图9-37f ~ h为“8”字卷筒造型。

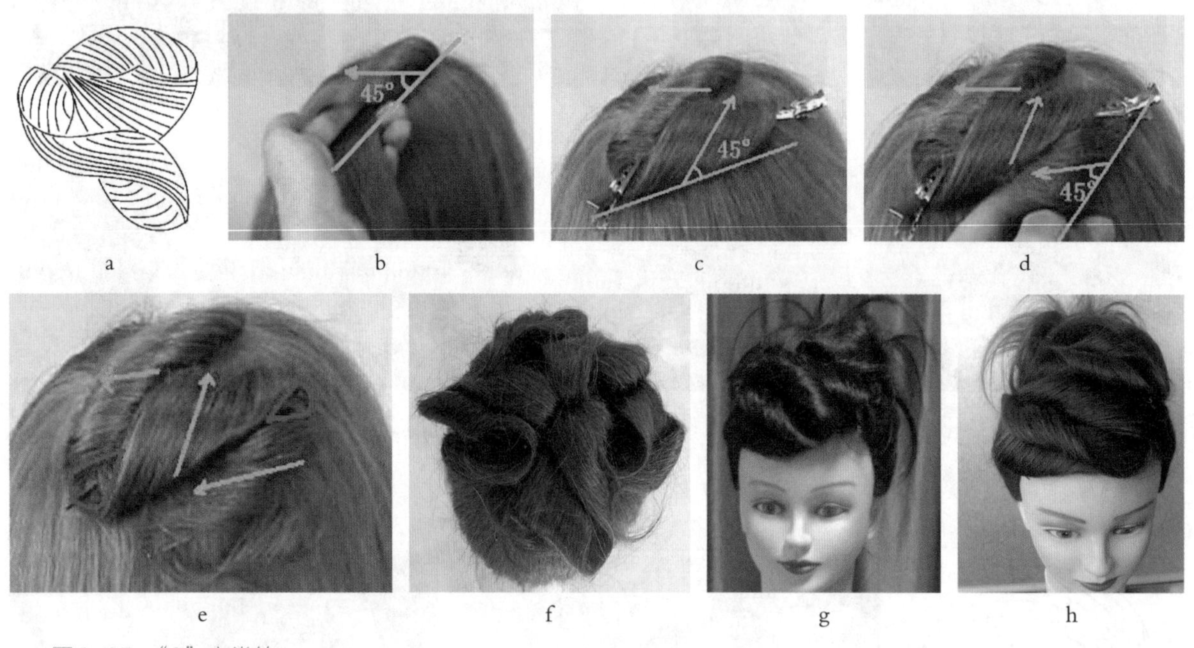

▲ 图9-37 “8”字卷筒

七、波纹

（一）手摆波纹发片

把发片按需要的方向和形状手摆波纹和造型。可先用电热棒或恤发卷把头发做卷曲，这样容易摆造型（图9-38a ~ c）。

（二）手推波纹

1. 平行波纹

用梳把发片压在手掌上，预定波纹高度，用梳垂直穿过发片，保证发片宽度在不会

a

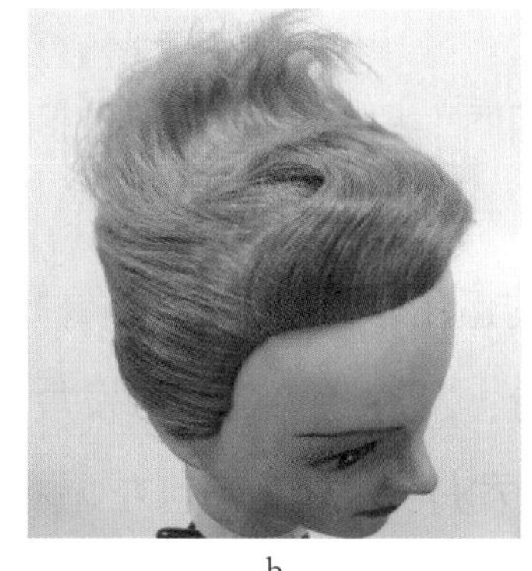

b

c

图9-38　手摆波纹造型

改变的情况下，将发片向左或向右带动后，向同一方向推波纹，波纹间相互平行（图9-39）：

（1）分好发片，逆梳梳顺发片表面，喷胶，确保发片光滑平整（图9-39a）。

（2）梳齿向下，在预定的位置将梳齿穿过发片，由梳子将发片带向一边，下鸭嘴夹固定（图9-39b）。

（3）再用同样的方法，将发片向反方向带下，下鸭嘴夹固定（图9-39c ~ d）。

（4）发尾藏入波纹下（图9-39e）。

（5）喷发胶固定后，拆下鸭嘴夹，下铁夹固定波纹（图9-39f ~ g）。

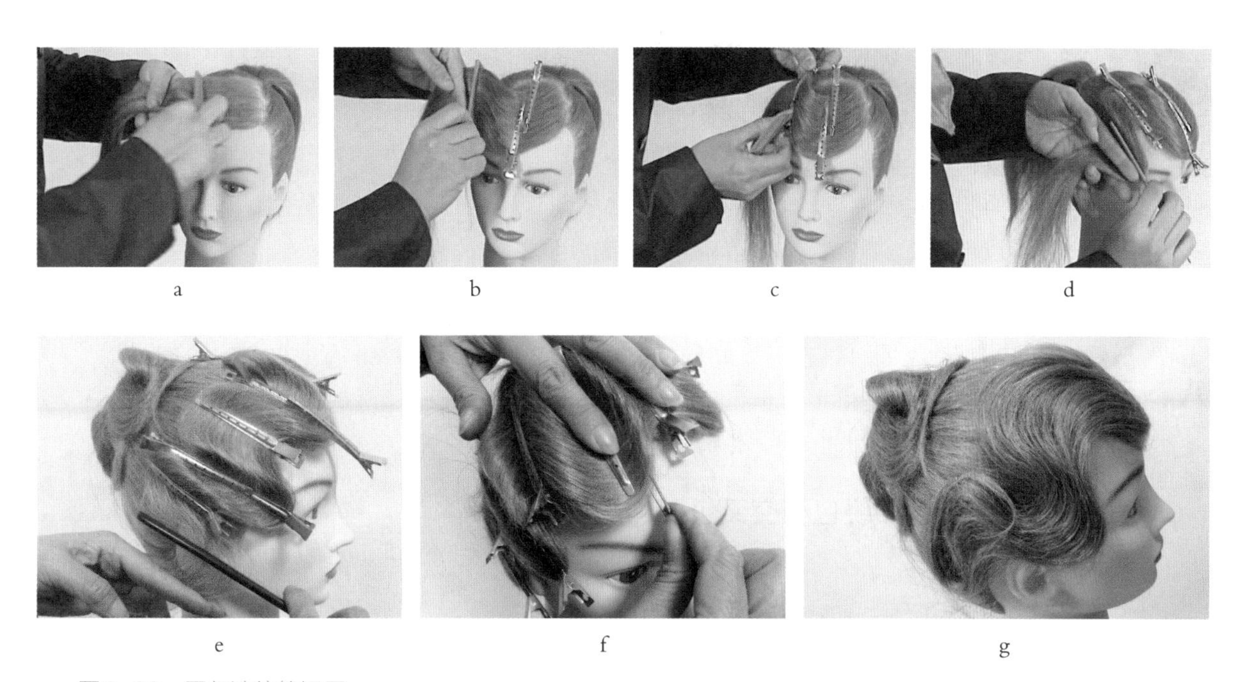

图9-39　平行波纹的运用

2. “8”字波纹

前期做法与平行波纹手法相同，只是后边将波纹间的头尾相互连接，成“8”字形造型。

“8”字波纹（图9-40a）的运用：

（1）扎高马尾，马尾分三份，发片逆梳，梳顺发片表面（图8-40b）。

（2）设定发片的长度，将发片从根部起向左、右方向按“8”字形推波纹（图9-40c ~ e）。

（3）注意发片左右推动，发尾互相连接（图9-40d ~ e）。

（4）可直接用一片头发来完成，也可用前片先做向左（或向右）的一个，在接一片头发来完成向右（或向左）推发片（图9-40f）。

a.纹理走向

b.分发片

c.向发根、向右推波纹

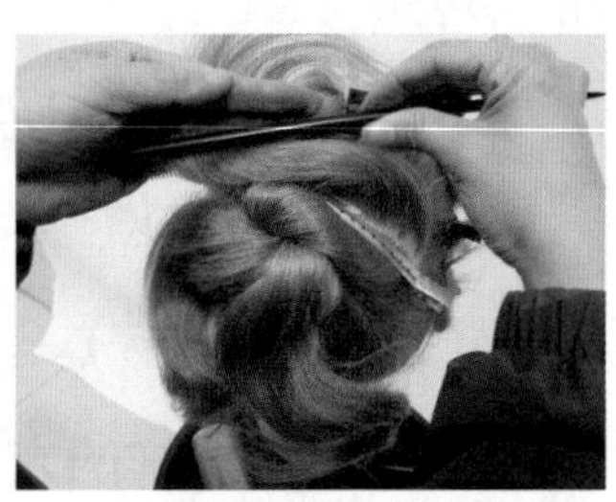

d.向发根、向左推波纹

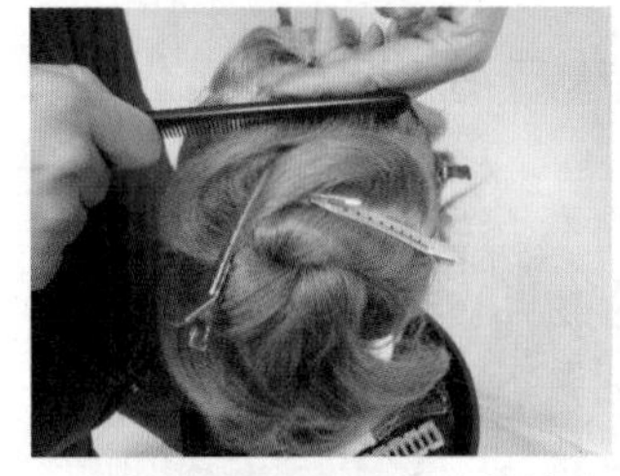

e.向第一个波纹、向右推波纹

f. “8”字手推波纹造型

▲ 图9-40 “8”字波纹的运用

八、盘包

下面主要介绍扭包、绕包和交叉包三种方法。

（一）扭包手法

扭包（图9-41）是将大片头发按所需方向逆梳后，梳顺发片表面，拉发片围绕梳尖转动360°，收紧发片，转弯位置下夹固定的造型手法，适合长碎发和后颈区造型。

操作步骤:

（1）后颈头发中分成两大区后，每区斜分发片3 ~ 4片（图9-41b）。

（2）将头发逆梳（图9-41c）。

（3）拉发片至所需要的方向，梳光滑头发的表面（图9-41d）。

（4）用梳柄作轴心（图9-41e）。

（5）把头发弯曲360°（图9-41f）。

（6）转弯处下发夹固定（图9-41g ~ h）。

（7）另一侧手法相同（图9-41i ~ l）。

（8）余下的发尾在头部中间摆成圆形或圆锥形效果。适用于长碎发和头部后面的造型。

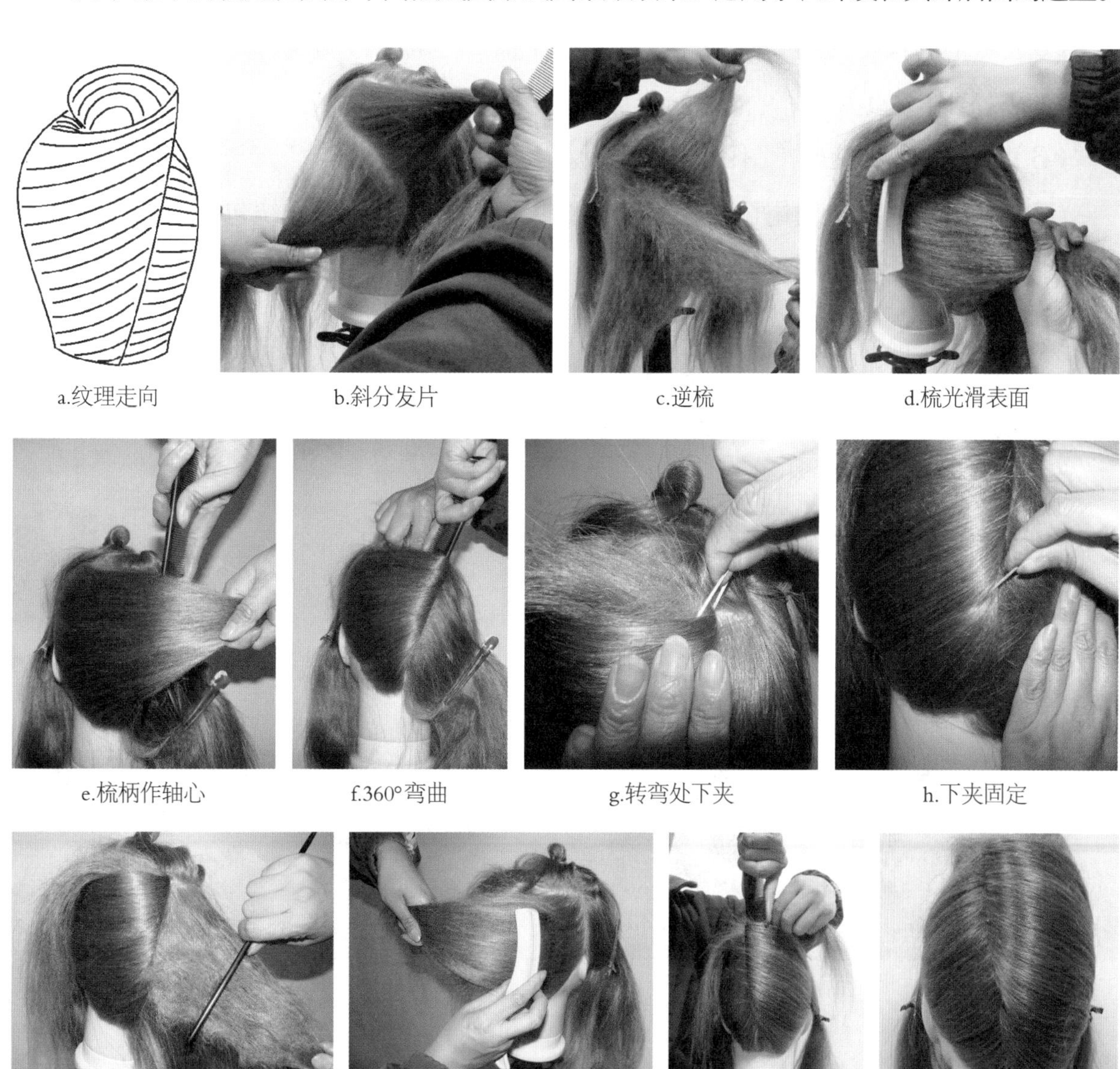

a.纹理走向　b.斜分发片　c.逆梳　d.梳光滑表面

e.梳柄作轴心　f.360°弯曲　g.转弯处下夹　h.下夹固定

i.另一侧逆梳　j.梳光滑表面　k.180°弯曲　l.下夹固定

图9-41　扭包的运用

（二）绕包手法

绕包是指新分发片以前一片头发为轴心围绕一周，转弯点下夹固定，发尾与前片发尾融合，继续作下一片新分发片的轴心。适合短碎发和两侧造型。

操作步骤：

（1）侧发际线向上分出3 cm左右长方形发区，长方形发区分出4 ~ 5片小发区备用，再在额前侧分出发束留作轴心（图9-42a ~ b）。

（2）扭绕该发片，下夹固定（图9-42c ~ d）。

（3）分出发片，逆梳后，梳顺发片的表面（图9-42e）。

（4）将发片围绕作轴心的发束转360°，下夹固定（图9-42f ~ h）。

（5）余下的发尾与轴心的发片合在一起作轴心，继续分出发片，用上述相同的方法作绕包（图9-42i）。

（6）发尾逆梳做造型（图9-42j ~ k）。

（7）完成后的绕包发尾可作卷筒和波纹，也可左右两侧都作绕包，收藏发尾。这个造型适用于中长发和头部两侧（图9-42l）。

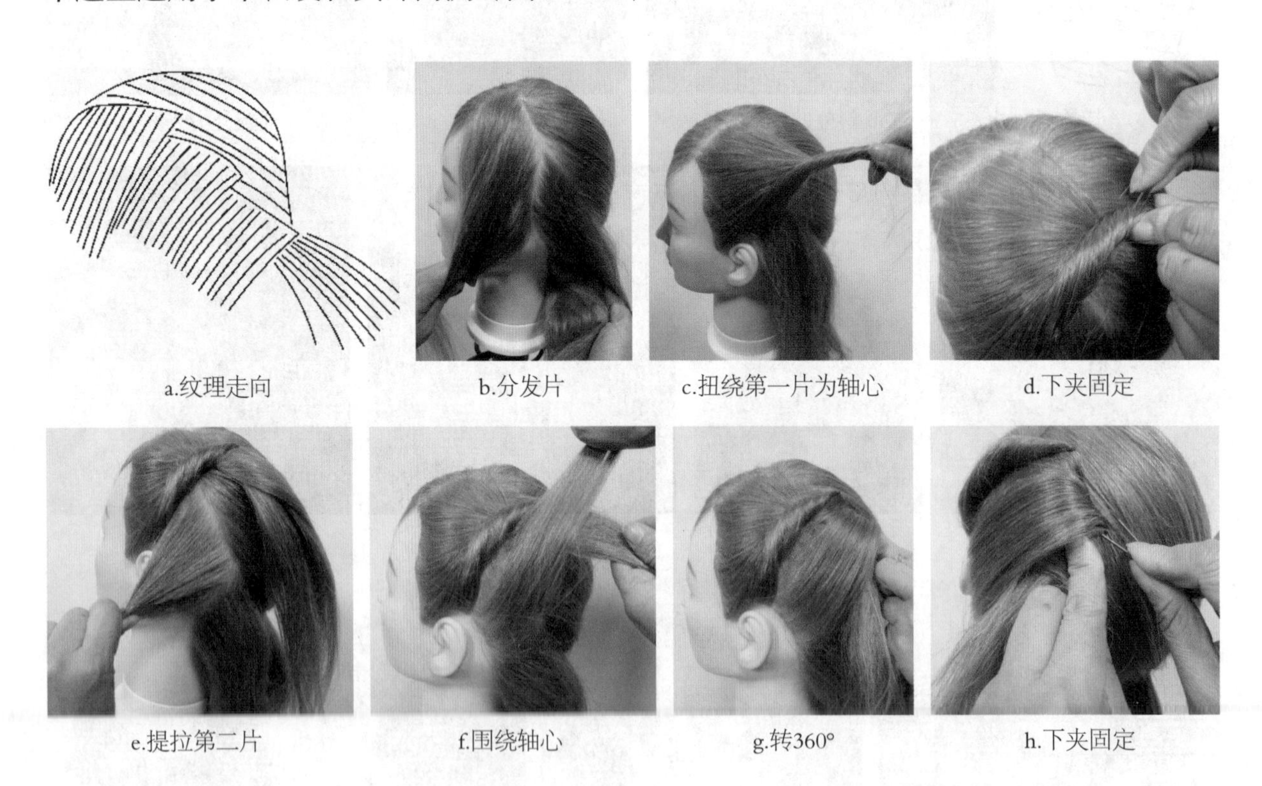

a.纹理走向　b.分发片　c.扭绕第一片为轴心　d.下夹固定

e.提拉第二片　f.围绕轴心　g.转360°　h.下夹固定

i.依次作发片

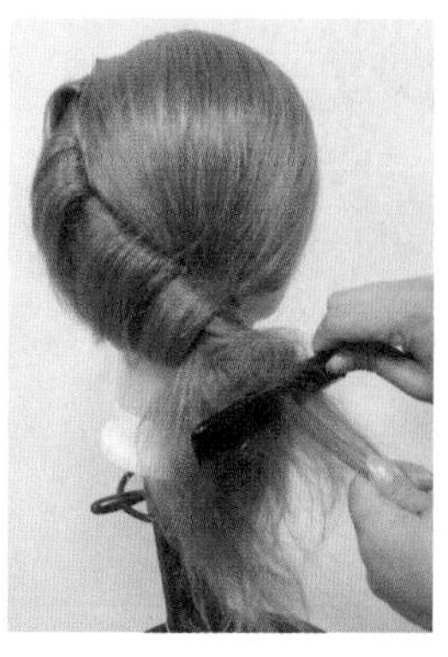

j.发尾作发条

k.造型

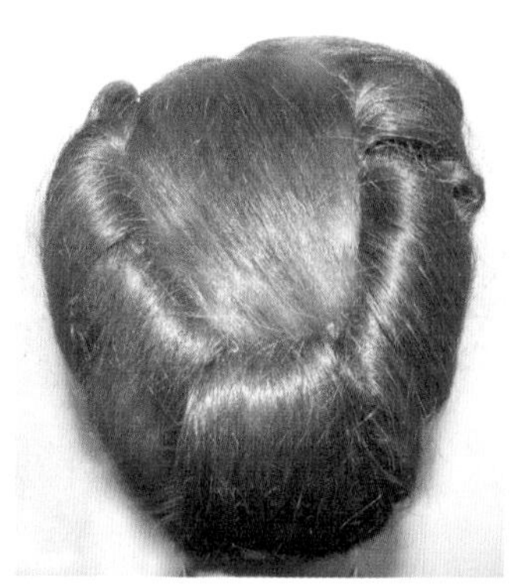

l.收藏发尾造型

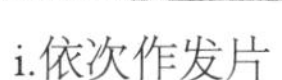

▲ 图9-42 绕包的运用

（三）交叉包手法

交叉包（图9-43a）是指以预留发束作轴心，发束两侧分出发片经逆梳后，梳顺发片表面，以发束为轴心，做360°转动，下夹固定，发尾与发束融合成新的轴心，交叉拉发片围绕轴心转动。适用于齐发和后颈造型。

操作步骤：

（1）“A”型分区；最下面留一发束，作轴心（图9-43b）。

（2）发片逆梳，拉至头部中间，梳光滑头发的表面（图9-43c）。

（3）发片360°围绕作轴心的发束（图9-43d）。

（4）下发夹固定，注意连作轴心的头发一起固定（图9-43e）。

（5）发尾和作轴心发束一起作下一片发片的轴心（图9-43f）。

（6）交叉取相对各区的发片围绕轴心作包发，完成后的发尾可作卷筒或波纹等（图9-43g）。

（7）交叉包造型（图9-43h），这个造型适用于中长碎发和头部后面的造型。

以上几种盘发的基本技法都各有特点，在盘发造型中所表现的效果也截然不同，只掌握了基本技法是不够的，还必须学会将他们有效地运用到盘发中，将各种技法进行合理的组合、搭配，才能表现出盘发变化多端的特点。

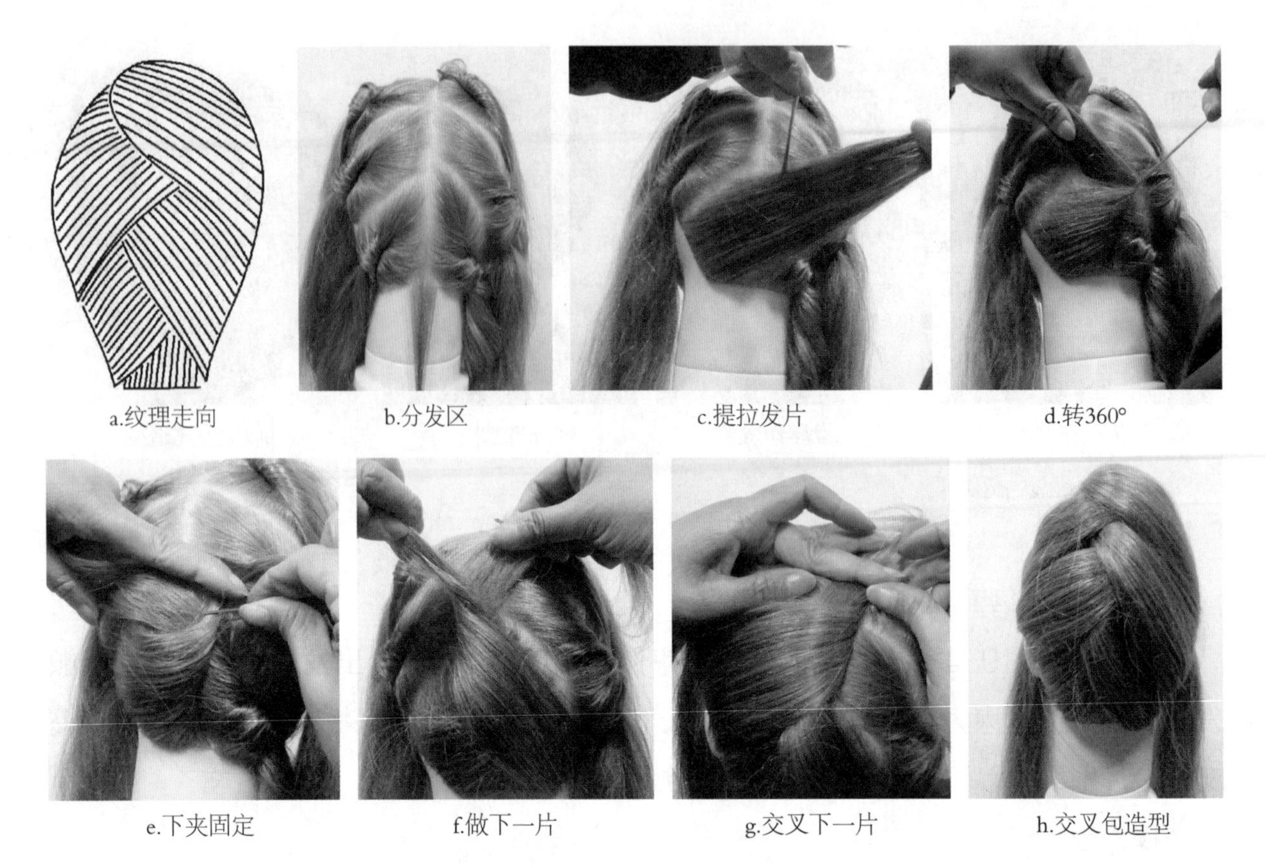

a.纹理走向　b.分发区　c.提拉发片　d.转360°

e.下夹固定　f.做下一片　g.交叉下一片　h.交叉包造型

▲ 图9-43 交叉包的运用

第三节 短发盘发操作

盘发一向被认为是长发女性的专利，这让许多短发的女性感到遗憾。难道剪短发的女性就不能再盘发了吗？作为一个美发师，若只会长发盘发则是限制了自己技能水平，更有悖于全面向客人提供服务的宗旨。因此，短发盘发操作技能不可忽视。

随着时代的进步和发型的不断创新，短发盘发正日趋盛行，由于头发长度的限制，在操作上会带来一定的难度，但是万变不离其宗，短发盘发也是由长发盘发演变而来的。运用短发而设计出的盘发造型也十分丰富，并极具特色。

短发盘发常用于包髻，并运用波纹、发卷、逆梳等几种操作技法，可以将短发梳理成两种不同的视觉效果。一种是长发效果，使发型看上去如同长发盘出的感觉；另一种是短发效果，使发型看上去一目了然，就是出自短发盘出的效果。

短发盘发中的长发效果与短发效果，两者在操作技巧上还是略有区别的，下面分别举例介绍。

一、练习要点

（1）根据头发的长短、发量的多少及所需的效果进行预先设计。

（2）按照发型的造型方向可先用吹风机吹出大致形状。

（3）区域之间要自然连接，不能露出分区缝。

（4）发丝要梳光、梳顺。

（5）卡子不能外露。

（6）饰物的点缀要恰到好处。

二、所用工具

吹风机、电热棒、发刷、削梳、发夹、卡子、发卷、发胶、发饰。

三、操作步骤及方法

（一）短发盘发的长发效果

短发盘发中的长发效果是指在很短的头发（图9-44a）上利用各种操作技法盘出的发型，看上去就像是在长发上盘出的一样。为了体现出长发效果，在操作时要注意将发尾巧妙地收藏，后面的短碎发大多采用盘包的方法将发尾折叠收藏，头顶略长发可用分发片做波纹进行连接的方法，使较短的头发看似是连为一体的长发。

另外，为了使很短的头发更加服帖，便于造型，常借助吹风机将头发先按照预先设计的发丝走向大致吹出形状来，然后再细致梳理成型。

操作步骤：

（1）头顶头发上恤发卷（图9-44b）。

（2）拆卷后，吹风调形，去掉上发卷的痕迹（图9-44c）。

（3）侧面和后颈区头发先后用吹风机吹出走向（图9-44d）。

（4）左侧面和后颈区头发用移动逆梳向后逆梳（图9-44e）。

（5）从左向右梳顺头发，发丝呈平行走向（图9-44f）。

（6）下鸭嘴夹暂时固定后，在旁边下铁夹固定（图9-44g）。

（7）喷发胶固定后，从铁夹一侧开始，提发片向中间移动逆梳（图9-44h）。

（8）右侧头发和后颈区头发向左移动逆梳（图9-44i）。

（9）鸭嘴夹暂时固定（图9-44j）。

（10）手梳配合，将发尾用尖尾梳梳尖折起收入（图9-44k）。

（11）下铁夹固定（图9-44l）。

（12）后颈造型（图9-44m）。

（13）移动逆梳，改变发片方向，连接发片（图9-44n、图9-44o）。

（14）手摆连接发片成波纹（图9-44p）。

（15）头顶发尾电热棒电卷成发条（图9-44q）。

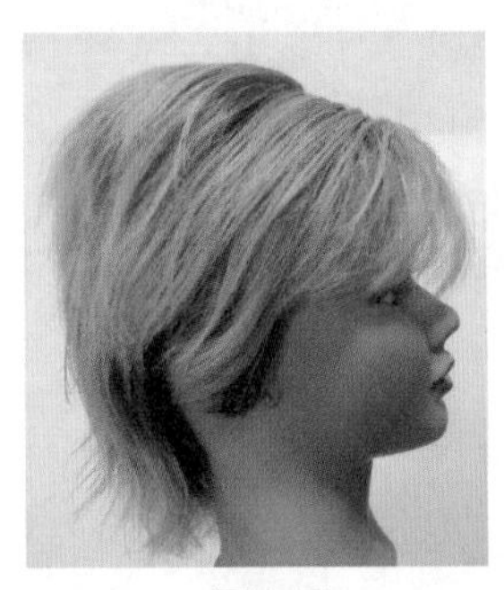

a.原发型

b.恤发卷卷发

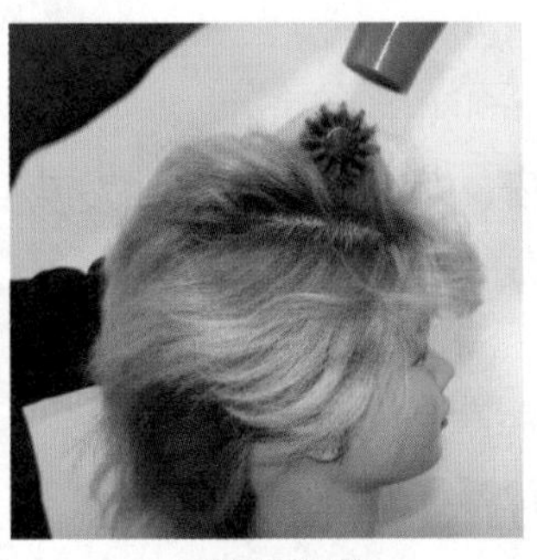

c.吹风调整

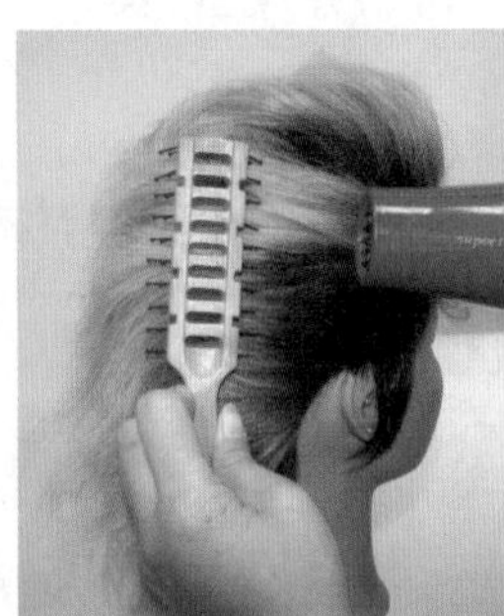

d.吹发丝方向

e.移动逆梳

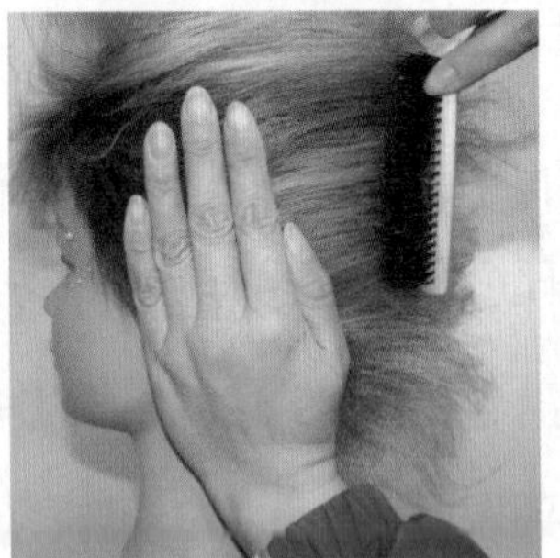

f.梳光滑表面

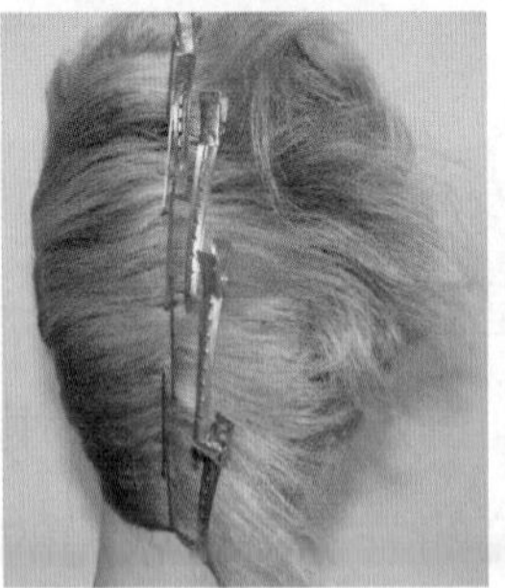

g.下夹固定

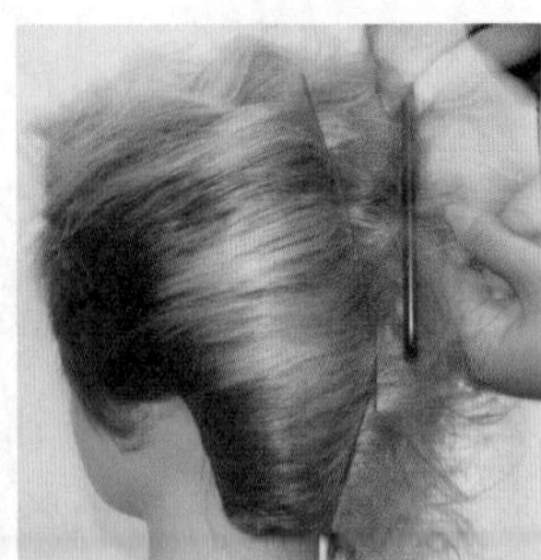

h.反方向移动逆梳

i.移动逆梳

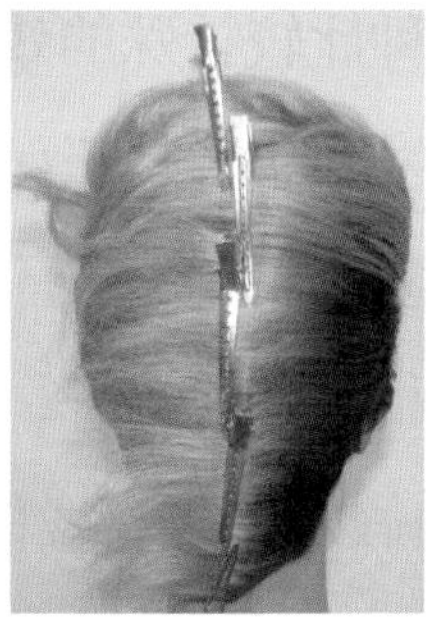
j.鸭嘴夹固定

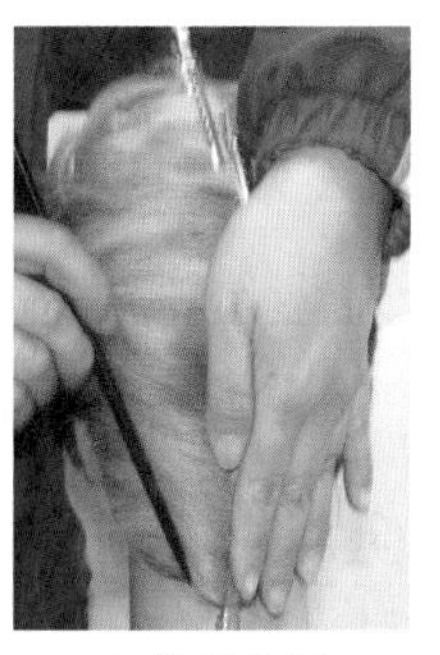
k.收纳发尾

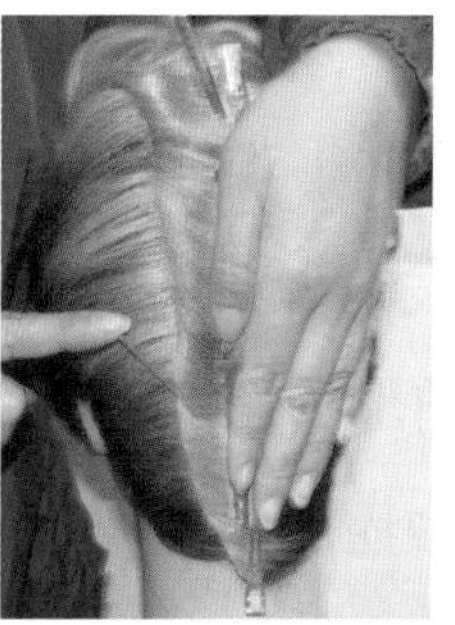
l.下夹固定

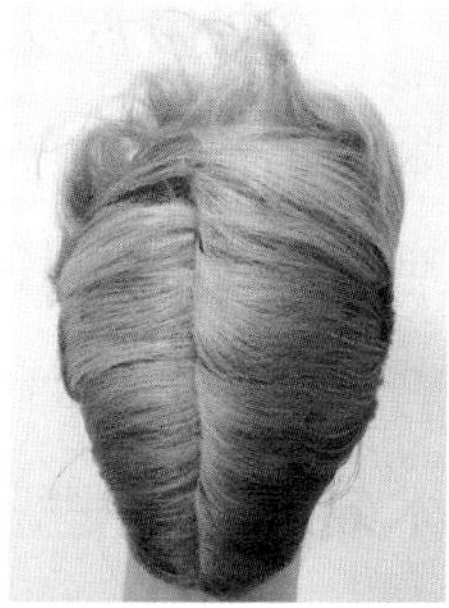
m.后颈造型

n.移动逆梳

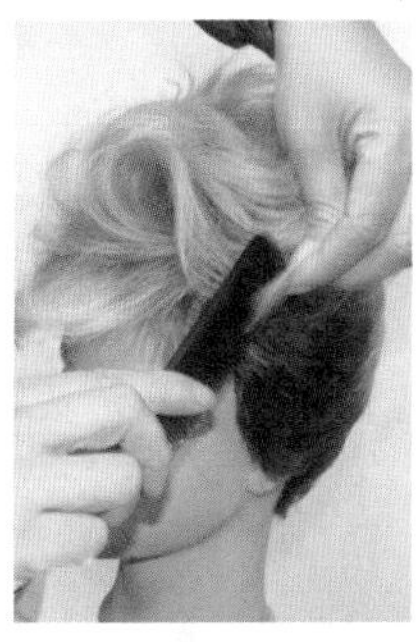
o.连接发片

p.手摆波纹

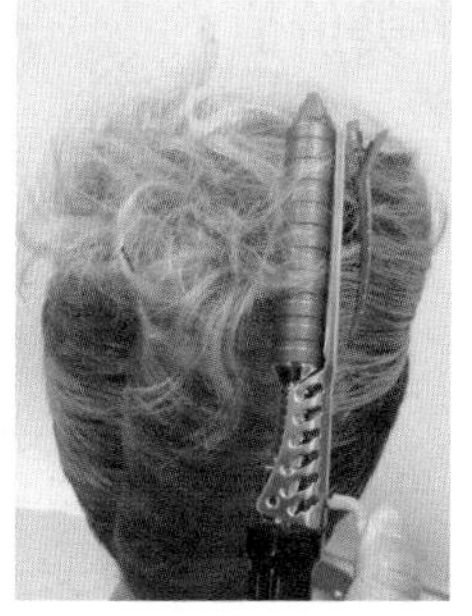
q.电卷发尾

r.短发造型

图9-44 短发盘发的长发效果

（二）短发盘发的短发效果

短发盘发的短发效果是指在很短的头发（图9-45a）上盘出发型，让人能明显看出是用短头发盘出来的。为了体现短发效果，在操作时要充分利用发尾，使发尾外露。这种操作一般发区较多，并采用直接完成的方法，即从发根直接完成至发尾，并保留发尾的自然造型，能看到头发本身的长度。

操作步骤：

（1）头顶恤发（图9-45b）。

（2）梳通头顶恤发后的头发，手梳配合，将头发向左侧梳理（图9-45c）。

（3）左手按住梳向左的头发，右手梳发向右（图9-45d）。

（4）左手按住已摆好方向的头发，右手持梳将头发向左、向右梳波纹（图9-45e）。

（5）下鸭嘴夹暂时固定（图9-45f）。

（6）从头顶开始斜向后吹发根，使头发斜向后直立（图9-45g）。

（7）继续吹风，使侧面与后颈连接（图9-45h）。

（8）在短发连接处或发片转弯处下发夹固定（图9-45i）。

（9）头顶和后颈区头发逆梳走方向（图9-45j ~ l）。

在短发盘发中，除上述两种效果之外，还有一种比较特殊的效果。它之所以特殊是因为整个发型看上去很难确定是属长发效果还是短发效果，从正面看如同短发造型，从后面看又像是长发造型，其实整个发型是根据造型设计的需要而提前进行了特意的修剪。修剪时，耳前部头发可略短些，耳后部头发则稍长些。另外，为了更好地体现出艺术效果，在发型中还加入了一些完全用真发制作的假发，与真发的颜色、发丝的纹理、走向等有机地结合在一起，起到了以假乱真的作用，再配以浓艳的彩妆、华丽的服饰，整个造型极具艺术审美价值。

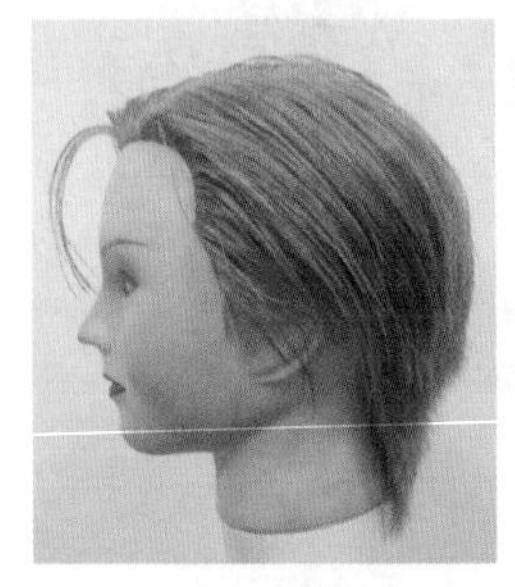
a.发型原形

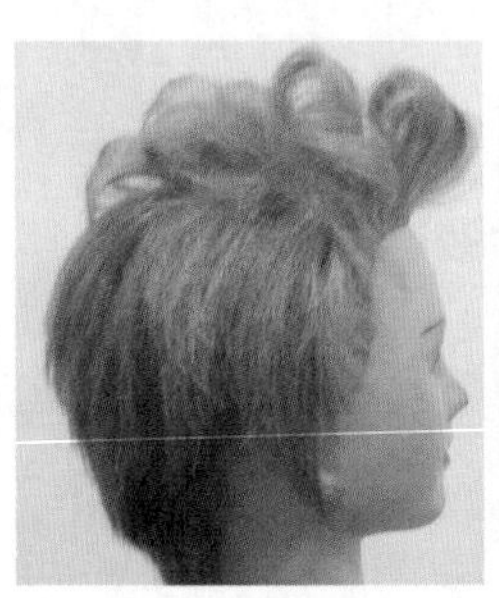
b.恤发后

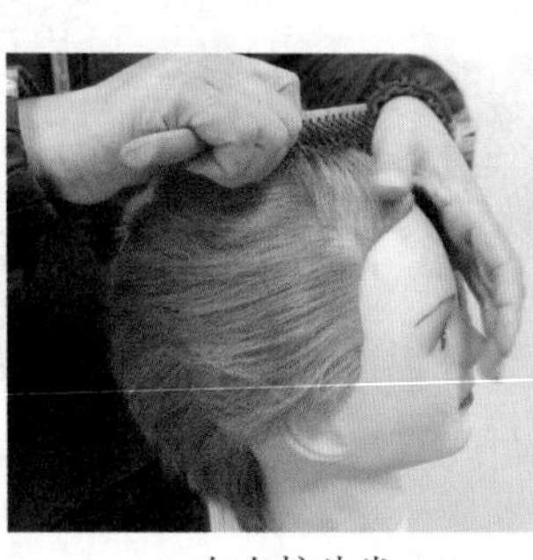
c.向左梳头发

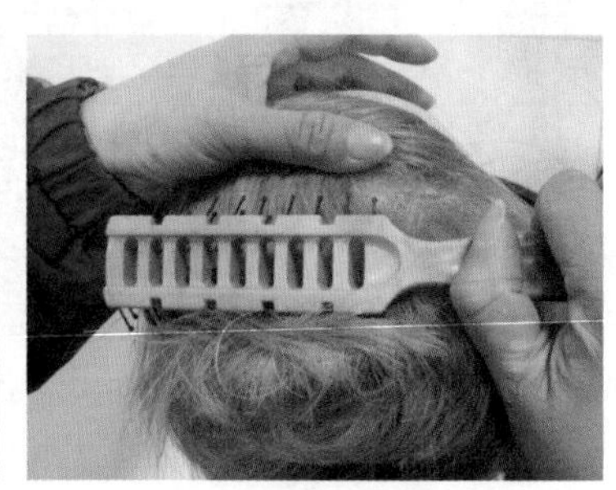
d.向右梳头发

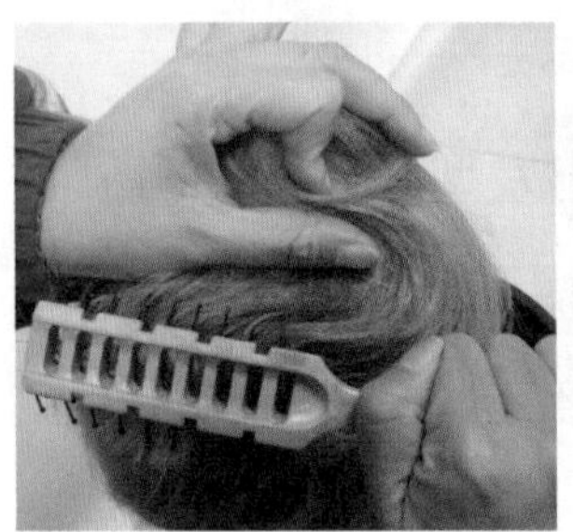
e.再向左梳发

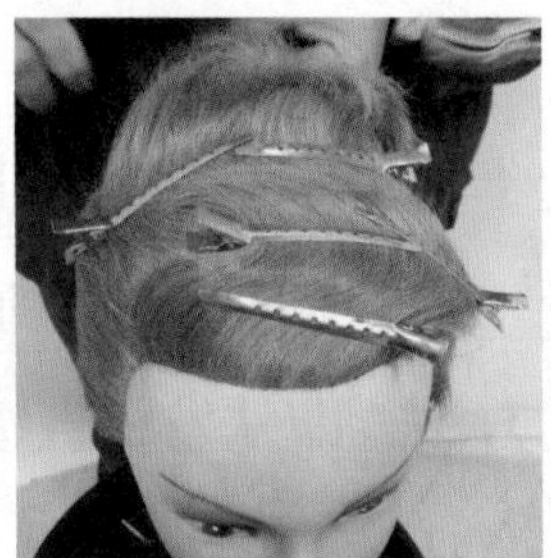
f.鸭嘴夹固定

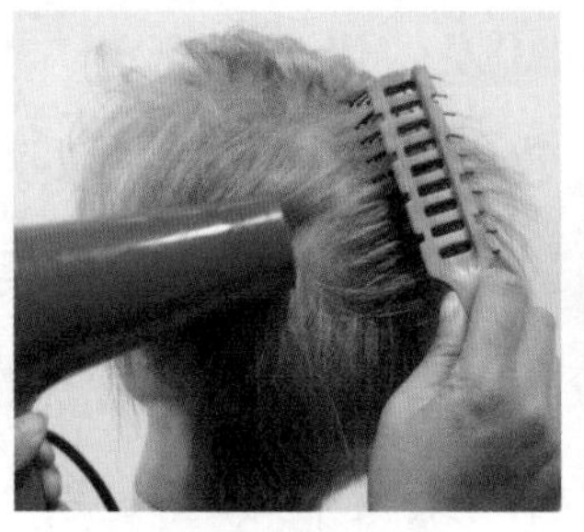
g.斜向后吹发根

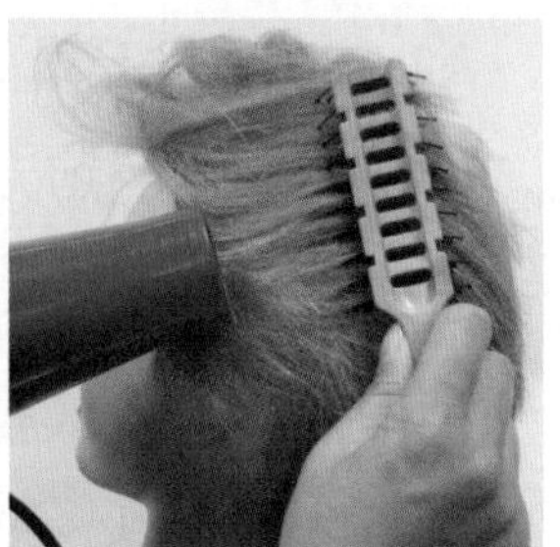
h.侧面连接后颈

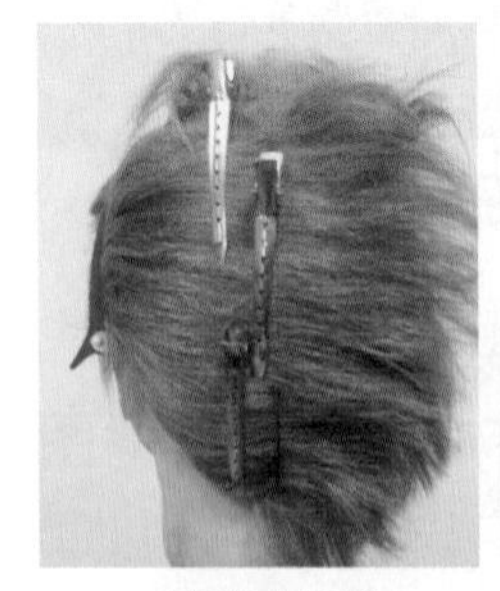
i.鸭嘴夹固定

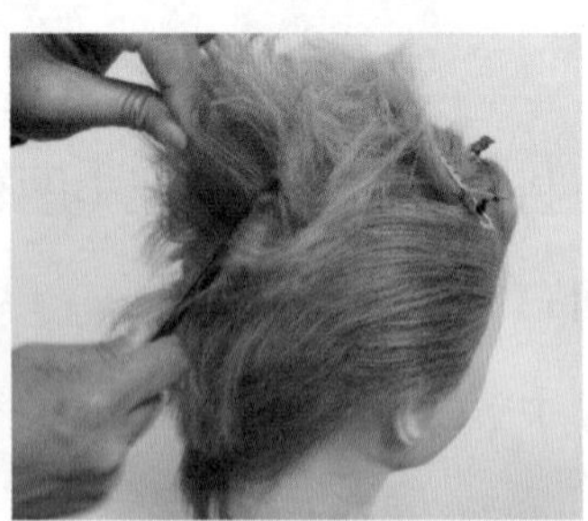
j.逆梳走方向

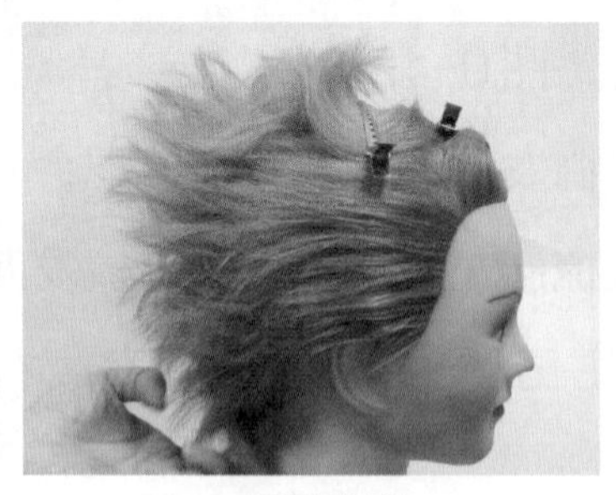
k.后区造型

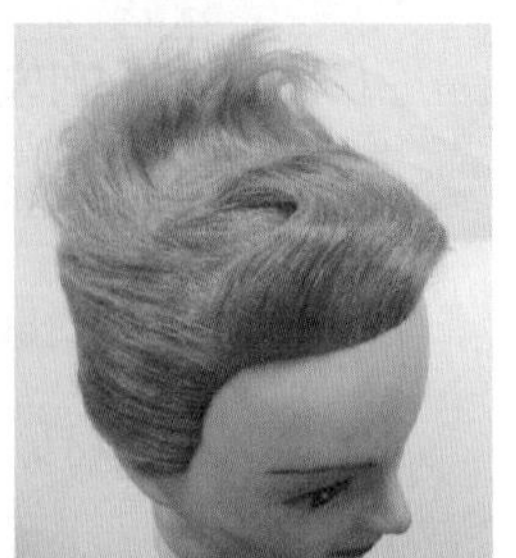
l.头顶造型

▲ 图9-45 短发盘发的短发效果

第四节　盘发饰物的选配

饰物是作为点缀或衬托发型的各类装饰物件。在盘发造型中，巧妙地运用饰物可使发型“锦上添花”。因此了解饰物选配知识及掌握简单的饰物制作方法是非常有必要的。

一、盘发饰物选配的原则和要求

头饰选配时必须遵循一定的原则和要求，讲究方法和技巧，这样，饰物与发型才能相得益彰，起到画龙点睛的作用。

1．符合发型的风格和特点

发型设计是一种创作，每一款造型都具有自身的风格和特点，有相适应的场合。头饰作为装饰物，不能随意添配，盲目乱插，必须根据发型的创作理念加以选配，否则会风马牛不相及，例如：中式新娘盘发，如配上素雅的白花或丝带就很不合适，应配红花为宜；又如西式新娘盘发，一般不宜佩戴中式头花等饰物。

2．注重发型的效用和审美

在盘发造型中，饰物是整个发型的辅助部分，能突出和衬托发型的整体美，饰物的选配是盘发设计的一个重要组成部分，必须符合审美的要求。头饰的发展也随着发型的演变而不断地创新，款式过时、工艺粗糙的头饰不应被使用。

3．注意饰物色彩搭配

色彩是发型饰物设计的重要因素之一。头饰的颜色应与服饰、发型、妆型相协调，形成一种色彩的呼应关系；也可以运用色彩的对比方法，起到画龙点睛的作用。色彩的对比搭配可以是深浅搭配，冷暖搭配等。

二、盘发饰物的种类

盘发饰物多种多样，根据饰物的质地不同可分成几类：

（一）花朵

人类很早就懂得用花朵来装点自己，即使在当下，以花作头饰也别有一番情趣。盘发造型中，可选玫瑰、紫荆花、百合花、满天星等（图9-46）。插花的部位与发型的格调密切相关，一般可插成环状或在左、右单侧进行，多用在新娘妆造型，可根据情况用真花或假花。

▲ 图9-46　各色花朵

（二）珠饰、钻饰

因为珍珠、钻饰等饰物（图9-47）能够突出发型的高贵、典雅，体现主人的身份与气质，在晚宴盘发中常用珍珠、钻饰来点缀，与晚礼服交相辉映。选配时一定要注意少而精，根据发型款式的需要选择不同形状的饰品。形状有圆形、方形、三角形、树叶形等。颜色多以白、金、银三色为主。多用在晚宴造型。

（三）彩色发条

发型设计时要使发型层次分明，可搭配彩色发条（图9-48）增加发型的动感。在使用时，将彩色发条连接在真发片的表面或镶嵌在发片的边缘，借助卡子与发胶固定即可使发型的线条秀美而别致。彩色发条常用于发型表演或发型比赛中。

（四）植物

运用各种绿色树叶或枝条（图9-49）作为盘发的饰物，主要体现了作者的创作意

图9-47　珠饰、钻饰

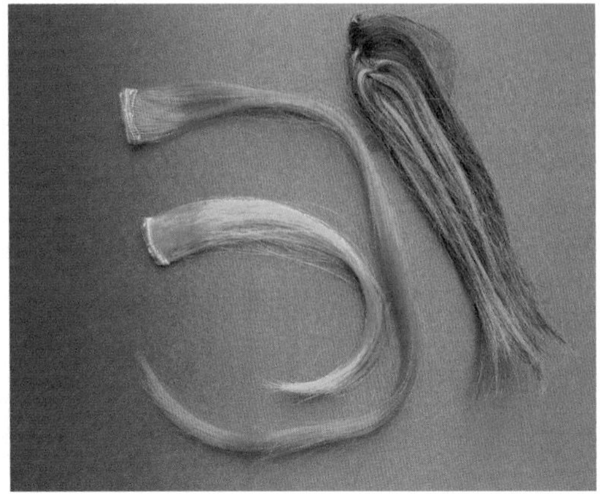

图9-48　彩色发条

图，突出了人与自然的和谐美感，并具有浓厚的环保意识，多用在发型表演中。

（五）仿真假发

仿真假发（图9-50）是运用人造纤维或天然头发制成各种形状及不同的发色的一类特殊发饰。将这种独特的饰物与盘好的发型，或与半成品的盘发造型有机地结合在一起，可起到以假乱真的效果，如假的齐刘海、卷曲的发条等。应用场合广泛。

图9-49　植物

图9-50　仿真假发

（六）彩色发胶

使用各种颜色的发胶，会令发型的线条明显的突出，更有层次感。在选择颜色时，生活盘发可用少许深色的颜色；表演盘发可用较浅或鲜艳些的颜色。在操作时可将头发喷成单一的颜色或从浅到深的渐变效果。彩色发胶多用于表演。

（七）羽毛

羽毛（图9-51）也是盘发造型中不可缺少的饰物之一。羽毛的种类包括孔雀毛、公鸡毛、鹅毛等，同样用羽毛作为饰物，还可以根据发型需要选择不同形状，甚至可以染成不同的颜色。多用于表演。

▲ 图9-51 羽毛

盘发造型中运用的饰物，还有很多种，如彩色棉线、彩色发带（图9-52）、人造丝、金银铜（图9-53）等金属物。这些五花八门的饰物选配大多来源于美发师的创作灵感及设计构思，当然一些比较抽象、怪异的饰物，一般都是用于发型表演或发型比赛中。

▲ 图9-52 发带

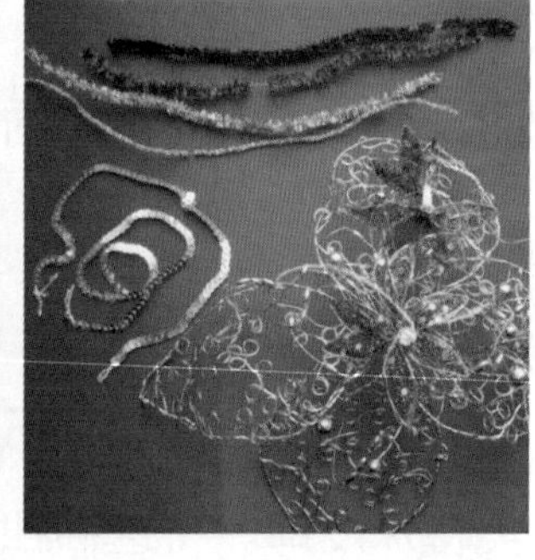
▲ 图9-53 金属饰物

三、盘发饰物的制作

在盘发造型中，饰物的点缀虽属辅助部分，但它能突出发型的风采及整体的风韵效果，对装饰物巧妙地运用，能起到画龙点睛的作用。然而，盘发中所见到的那些形态各异的饰物，并不都是成品，很多都是由美发师自己精心制作而成的。

作为一名合格的美发师，应该学会一些简单的饰物制作，根据发型的需要而特制出的饰物，才能充分表达出作者的设计意图，达到整体的和谐美。

饰物制作的方法有很多种，在这里，简单地介绍四种：两种是用钻制作的饰物，另两种是用头发制作的饰物，这几种方法现今比较常用，也很流行。

（一）钻饰制作（一）

1．所用工具

易熔胶枪、胶棒、散钻若干、“U”形卡、镊子、白纸、笔、剪刀、黑色硬纱（图9-54）。

2．制作方法

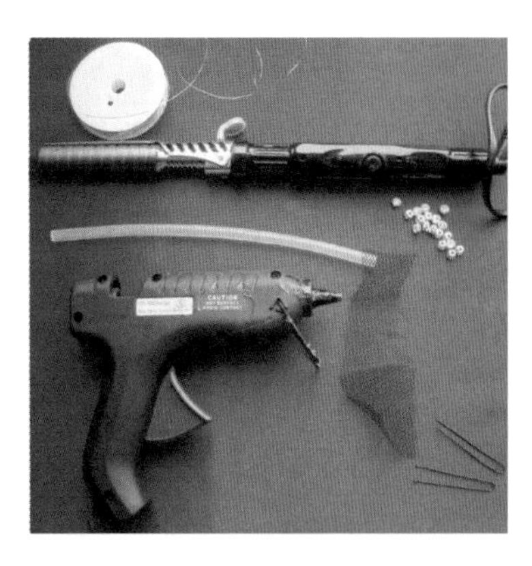

图9-54　工具

（1）设计形状：先在纸上画出预想的形状，如，圆形、菱形、叶子形等，并设计出大钻、小钻所摆放的位置。

（2）粘贴：将黑色硬纱平放在设计纸上，用胶枪把胶点到相应位置上，用镊子夹起散钻，按照设计图纸上的形状直接粘在胶上。制作时，分小部分逐步完成。大小不同的散钻可以粘一层，也可错落有致地粘出两层，使其更有立体感。

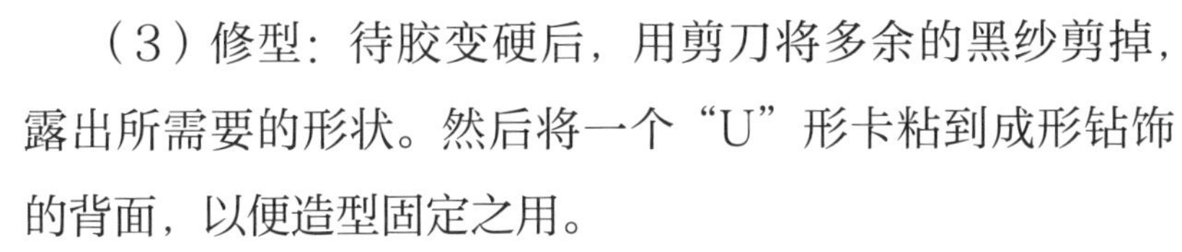

（3）修型：待胶变硬后，用剪刀将多余的黑纱剪掉，露出所需要的形状。然后将一个“U”形卡粘到成形钻饰的背面，以便造型固定之用。

做好一个完整的钻饰品后，再用同样的方法继续制作。以做4 ~ 6个为宜（图9-55）。

图9-55　钻饰（一）

（二）钻饰制作（二）

1．所用工具

易熔胶枪、胶棒、铁丝、散钻若干、“U”形卡、镊子、剪刀、彩色饰珠。

2．制作方法

（1）固定钻和彩珠，铁丝剪成适宜长度，用铁丝回形固定，固定间隔按设计要求来定，铁丝数量按设计要求定（图9-56）。

图9-56　钻饰（二）

（2）制作：把数条铁丝按设计扭结在一起，注意扭紧。

（3）调型：按设计要求，把铁丝绕手指或小圆筒，制作一定的弧度，再按设计摆放上散钻和彩珠。

（4）修型：用剪刀或钳子剪去多余铁丝。用溶胶把剪口封好，以免扎人。

（三）假发饰制作（一）

1．所有工具

易熔胶枪、胶棒、假发（或真发）、漂、染用具、剪刀、发胶、尖尾梳、卷发钳、吹风机、“U”形卡、散钻若干。

2. 制作方法

（1）设型：用假发做成六瓣玫瑰花状或其他花形。

（2）发片：首先将六小束头发分别用皮筋扎好，用渐变的漂染法，将头发染成玫瑰红色（发根处深，发尾处最浅），按设计要求用卷发钳把发尾按设计卷弯，喷上发胶，用发梳将头发梳成花瓣状。

（3）制作：按造型设计将发片摆成花朵状，并喷上发胶，喷发胶要逐层逐片进行。

（4）整形：调整每层发片的空隙，在发根中间粘上几根带钻的头发做花蕊。完成之后，在底部粘上"U"形卡。

用头发做花，可根据花的大小及发型的需要来确定制作的个数。

（四）假发饰制作（二）

1. 所有工具

易熔胶枪、胶棒、假发（或真发）、漂、染用具、剪刀、发胶、尖尾梳、卷发钳、吹风机、"U"形卡、散钻若干（图9-57）。

▲ 图9-57 假发饰

2. 制作方法

（1）设型：用假发做设计初型，用胶枪将它们连接，也可以先用皮筋扎好再用溶胶连接。

（2）染色：按设计要求，运用漂染技术，将发片染出预设的变化色彩，发根处深，发尾处最浅（或按设计染成发尾浅，发根深的效果）。

（3）制作：用卷发钳把发尾按设计卷弯，按造型设计梳理发丝，摆放成型，并喷上发胶，喷发胶要逐层逐片进行。

（4）装饰：调整每层发片的空隙，在发片和中部粘上散钻。完成之后，在底部粘上"U"形卡。

用头发做花，可根据花的大小及发型的需要来确定制作的个数。

盘发饰物的制作，就像盘发造型一样，也需要美发师具有一定的创造能力及动手能力，并有相应的审美鉴赏能力。发饰的制作也是变化无穷的，没有一定的规则和模式，美发师可充分发挥自己的想象，制作出更多、更精美的发饰作品。

想一想

1. 盘（束）发的种类有哪些？

答：为了适应不同的场合，盘发大致分为四大类：生活盘发、宴会盘发、婚礼盘发和表演盘发。

2. 初步了解各种盘发工具的使用方法。

答：（1）符合发型的风格和特点。

（2）注重发型的效用和审美。

（3）注意饰物色彩搭配。

3. 枕骨处的头发不易包紧。

原因：

（1）在造型前没有用吹风机将头发按照一定的方向吹顺、吹服帖。

（2）逆梳头发的力度不够。

（3）用卡子固定头发时不够牢固。

（4）发胶用量过少。

4. 短发波纹效果线条不柔和。

原因：

（1）没有预先设计好波纹的走向，使之连接不畅。

（2）生硬的发尾没有借助吹风机或电卷器使之变卷。

（3）逆梳头发的力度方向没有变化。

（4）用梳子梳理表面头发时，发丝不舒展。

5. 发区间连接不自然甚至出现缝隙。

原因：

（1）没有进行预先设计、构思，操作过于盲目。

（2）技法的运用不当。

（3）操作中缺乏灵活性。

（4）没有合理地进行分区。

练一练

1. 从网上找盘（束）发的图片资料，进行简单的分类，选出四种类别图片各4张。

2. 根据图片从书中找出造型所采用的技法，了解它们的名称，总结盘（束）发大概有哪些技法？

第十章

美发造型设计

一个完美的发式造型，是美发技术和造型艺术紧密融合的结果。如果只掌握了美发操作技术，而缺乏艺术造型的修养，那么做出来的发型就会千篇一律，没有个性美。因此，作为一名合格的美发师，必须了解有关美发造型设计的理论知识，通过对理论知识的进一步学习和了解，才能更好地指导我们的实际操作，为顾客设计出艺术性与实用性相融合的发型。

第一节　美发造型与人物形象设计构思

一、人物形象设计的概念

人物形象设计又可称为“人物造型设计”，是对人物整体形象的再创造。所谓“再创造”并不是要完全脱离设计对象本人，塑造一个与其毫不相干的形象。而是要发掘人物的内在潜质，结合其外部形象特征，并考虑到特定职业或环境因素的影响，通过各种造型手段，进行二度创作，设计出近乎完美的外部形象。

二、人物形象设计的组成要素

人物形象设计的组成要素主要包括服饰设计、化妆设计、美发造型设计、行为举止设计、语言表达设计等几方面，各种要素相互关联、互为补充。服饰设计、化妆设计、美发造型设计这三方面主要是体现人物外在的形象，而行为举止设计、语言表达设计等其他方面，也是人物形象设计的涵盖范围，但它是人物内在气质的外在表现。只有内外和谐统一的形象设计才是最美的。

服饰设计是艺术创作与实用功能相结合的设计，设计者必须在对生活的体验与认识的基础上形成创作构思，从日常司空见惯的服装形式中创作出更新颖、更美的服饰来。形象设计中的服饰设计，一方面可以根据人物的需要重新设计并制作服装，另一方面也可以在原有服装的基础上进行巧妙地服饰搭配。服饰搭配艺术有别于纯艺术性的绘画或文学创作，它是针对人的衣着进行设计的。设计的前提是衣着对象、衣着时间、衣着场合、衣着目的等。总之，要因人而异。有关服饰设计的知识将在“服饰与造型”课程中再进行详细的描述与介绍。

化妆设计也是人物形象设计中不可缺少的要素之一。化妆设计是利用各种化妆技巧，根据人的脸形、肤质、五官比例、人的个性特点及环境等设计不同的妆型、妆色。有关化妆设计的知识，在“美容与造型”课程中有具体的介绍。

美发造型设计是构成人物形象不可缺少的一个重要环节。美发造型设计在人物形象设计中是雕塑性的三维空间设计，是一门典型的空间艺术。在设计中，点、线、面是最基本的空间构成语言。点、线、面的不同组合，能够产生千变万化的视觉形象。点是发型设计空间构成语言的基本要素，点的大小、形状、数量、位置等因排列组合的不同给人以不同的视觉效果；线是点的连接，是发型设计语言的另一要素，线有曲直粗细之分；面是线的组合，是点数量的扩大，面有平面和曲面之分。只有将点、线、面三者有机地结合，熟练地运用这些要素加以变化，才能丰富发型的创作。以空间设计理论为前提，再依据人的头形、脸形、五官、发质、身材、年龄、职业、气质等多方面的客观因素，运用各种设计形式或方法，使发型达到完美效果。

行为举止设计和语言表达设计是现代形象设计应推崇和提倡的。因为人的形象美已不仅仅是静态的表达，它也包括动态的方面。一个化着浓淡适宜的妆，梳着典雅的发型，并穿着得体礼服的女性站在人们面前时，也许人们会被她的形象所吸引，但是当人们发现她的行为举止很不雅观，语言极不文明时，便对她的印象会大打折扣。所以行为和语言在形象设计中也是要进行考虑的。有关知识可在礼仪课中学到。

当然，形象设计并不是简单的堆砌，而是一门综合性很强的艺术学科。设计师应具有一定的艺术修养，知识面要广，必须能熟练掌握对各种要素的运用技巧，然后用自己的设计理念创作出千姿百态的形象。

三、人物形象设计构思

构思是创作过程中的思维活动。人们对客观事物与社会生活进行观察、体验、分析、研究，然后对素材加以选择、提炼、加工，才能创造出艺术形象。每一件艺术作品都体现着创作者的思想，而这个思想又指导着整个艺术创作过程中的思维活动，这被称为创作构思。其实，构思的方法因人而异，无必须遵循模式。

一般在进行人物形象设计构思时，首先，要明确是为什么事（创作主题）来设计的。是为一个生活中的普通人应聘工作进行的设计，还是为影视剧进行的设计，或是为舞台表演进行的设计等。其次，要明确为什么人（创作人物）来设计的。是男人还是女人，是老人还是孩子，是胖人还是瘦人等。最后，要明确为此事此人进行什么样的形象设计（创作构思）。也就是说在设计师的心中已经构思出了设计方案。

为了使设计方案更加趋于完整性，可以从观察与交流、分析与诊断、定位与应用三个方面来阐释人物形象设计构思的步骤。

（一）观察与交流

当一位被设计对象来到面前时，必须快速而敏锐地对她或他进行观察：对方的身材、年龄、脸形、面部结构、头发颜色、发质类型、着装情况等，以便迅速捕捉到设计对象的一些外在信息。一位出色的形象设计师也应是一名出色的心理学家和外交家。当设计对象坐下来时，形象设计师要和对方进行充分而深入地沟通和交流。通过交流，了解到对方的职业、性格、爱好及其工作生活环境，对方需要什么场合下的形象设计，打算达到什么样的效果，及对形象设计的要求等等。

（二）分析与诊断

根据观察与交流所获得的相关信息，形象设计师逐一进行分析整理，结合设计对象的先天条件，并从服饰设计、化妆设计、美发造型设计、行为举止和语言表达设计等几方面入手，为对方所需求的形象进行初步的诊断，确定设计方案。方案的设计可以借助手绘绘图或电脑绘图的方法来完成。绘制几种不同的设计图样，可以提供更多的选择余地。

（三）定位与应用

初步确定设计的方案后还要与设计对象再次进行沟通，争取获得对方的认可。只有当设计对象认可这项设计时，才能将设计作品的精髓淋漓尽致地展现出来。之后，经过反复推敲、调整与筛选，确定一个最佳方案作为人物形象设计的最后定稿，形象设计师即可依据最终方案为设计对象精心地进行人物整体造型。形象设计所产生的最佳形象并不是唯一的、永久的，是具有限制条件的。所以，在形象设计的应用时，因时间、地点、场合的不同，他们的服饰、妆容和发型也应随之发生变化。

四、美发造型设计构思

一般人认为，美发造型设计在人物整体形象设计中是局部与整体的关系，它对整个形象设计具有很强的从属性。但不可忽视的是，人物形象设计中50%取决于美发造型设计。因为发型更能直观地体现人物的身份、年龄、个性、气质等特征。

发型依附于人的头部，是形象设计师根据人物整体形象塑造的需要，对设计对象的头发进行设计，然后用剪、吹、烫、盘、染等技术手段来使之具有一定的色彩与形状以实现设计的要求。因发型占有一定的空间，并有可视性、可触性、实用性、美观性等特征。所以，美发造型设计在形象设计过程中具有一定的独立性。但作为一名成功的形象设计师，在发型设计上不仅要考虑发型本身的特殊美感与实用性，同时还必须考虑与设计对象的脸形和体型等相协调，并与设计对象的化妆和服装在整体设计风格上相统一。

美发造型本身就是一种独特的语言，主要表现在轮廓、发量、结构、起伏、发质与纹理等方面。从某种意义上来说，发式造型就像是雕塑师在特有的条件、地点及环境下进行雕塑创作一样。美发造型设计不是刻意地模仿或复制，更不是随意的发式梳理，它是一种创作，是一种在深刻理解设计对象的生理条件和精神特征的基础上，以表现人的个性特征为目的的创意性发式设计。因而，美发造型设计具有预先性、假定性、形象性和时限性，要求美发造型设计师应有敏捷的形象思维和构思设计能力。

（一）美发造型设计构思的原则

发型美的本质特征决定了美发造型设计的形象思维和艺术创新的构思形式。这种形象构思活动必须依据以下原则：体现发型美的本质、特征和规律；具有发型美的形态和独特的艺术风格；在构图布局、块面形状、花纹线条、发态流势、色调处理及饰物衬托等方面符合形式美的法则；与脸形、头形、体态、举止、风度、气质和服饰等条件搭配自然，和谐统一；具有与制作设计的发型相应的工艺流程、制作技术和器具用品。总的原则是：坚持实用标准和审美标准的统一。

（二）美发造型设计构思的核心

美发造型的核心是构图，构图也称章法、布局，是指在一定空间内安排处理形象各部分的关系和位置，使个别和局部组成和谐统一的形象整体。发型属于立体图形，要求立体构图，也就是在球形的头部及头发所处的空间，安排处理发型形象各部分的关系和位置，使构成发型的各部分组合成和谐、完整的发型形象。在设计中，要体现出经过构思形成的、预想假定的或绘制成形的发型图样。

（三）美发造型设计构思的具体内容

在进行美发造型设计构思的时候，有关形成发型的设计要素一定要明确。发型由长度、轮廓、线条、层次结构、纹理质地和颜色效果等诸因素组成，诸因素各有特点，但只有统一在发型上才能相映生辉，使发型形成完整的美。

1．发型的长度

发型按长度一般分为短发、中长发、长发三种。短发是指头发的长度在发际线的位置；中长发是指头发的长度在肩膀以上的位置；长发是指头发的长度在肩膀以下的位置。这是在发型设计构思时首先要考虑的因素，因为发型长度的不同给人的视觉效果也不尽相同。短发显得精神、干练；中长发稳重、大方；长发则更加凸显女性的魅力。

2．发型的外轮廓

发型的外轮廓是指发式经过修整后，由长度、高度、宽度及周边轮廓线条组合起来构成的发式立体的外观形态。一般分为正面轮廓、侧面轮廓和后面轮廓三种。由于人的头发生长态势是从头到颈过肩自然而下的。如果试图改变这种自然形态，就意味着改变原来的外观轮廓，而头发的可塑性为改变这种自然形态提供了可能。设计师就是通过改变长度、高度、宽度及周边轮廓线条，变换出不同的发型轮廓的。

外轮廓的造型，对给人的印象会有很大的影响。在美发造型时轮廓分为规则的轮廓和较为不规则的轮廓；规则的轮廓清晰可辨，如圆形、直线形、曲线形等。不规则的轮廓则是多种形状的结合，多用于创意发型的设计。

3．发型的基本线条

发型的基本线条主要包括平直线、前斜线、后斜线、弧形线四种。线条是在发式修剪时必须考虑的要素之一。是剪发前设定好的边线形态。每一种线条都有各自的特点，在线条的选择上要结合发型的层次结构配合运用，并依据设计的要求，巧妙地将线条组合，达到预想的效果。

4．发型的层次结构

层次结构在发型设计上有着重要作用。发型的层次大致分为集中层次、低层次、均等层次和高层次四种。这几种层次可以根据发型设计的结构形态以及质地纹理的需要而进行单独或组合运用。层次是依靠发束提拉与头肌之间形成的角度，按设定的线条剪切而成的。发束提拉角度的不同，使层次也相应发生变化，发型的效果也随之改变。

5．发型的重量感与质感

发型的重量感，主要是来源于发型层次结构的变化。高层次的发型通过把发束向上拉起进行修剪，表现出的线条显得轻盈。而低层次的发型是依据头形把发束向下拉进行修剪的，表现出的线条显得厚重、有分量。在视觉上，质感则与头发的光泽有关，不同层次表现出来的质感也不同。高层次，表面头发较短时，属于立体呈现，但不一定表现出光泽感。低层次，表面头发较长，属于平面呈现，比较容易表现出光泽感。也就是说，发型重量感的调整程度小的造型比较容易呈现出发丝的光泽感。相反，发型重量感的调整程度较大的造型就容易缺乏质感。

6. 发型的纹理走向（动感）

纹理走向是指发型轮廓表面所呈现出来的发丝纹理状况以及发束的流势。头发会有从短的地方往长的地方移动方向的特性。发丝纹理向前时，造型就会有往前的动感，花纹、线条走向都向前。发丝纹理向后时，造型就会有往后的动感，花纹、线条走向都向后。此外，发型重量感较重的造型较不容易表现出花纹的跃动感，反之，发型重量感较轻的造型就比较容易表现出花纹的跃动感。

7. 发型的色调效果

色调效果是指发型的颜色设计效果，设计时加强或改变头发的原有色彩基调，以强化发色在造型上的美化和装饰效果，使其外观轮廓、纹理质地更显立体，更有动感。色调效果是美发造型重要的设计因素和美化、装饰手段。

视错觉在发型设计中的应用

总之，在人物造型设计构思上，要将以上各种设计原则和要素相结合，综合进行考虑。除此以外，在造型设计上还可以运用视错觉理论，更好地诠释设计的效果。视错觉就是当人观察物体时，基于经验主义或不当的参照形成的错误的判断和感知。视错觉的种类大致可以分为两类，一类是形象视错觉，如面积大小、角度大小、长短、远近、宽窄、高低、分割、位移、对比，另一类是色彩视错觉，如颜色的对比、色彩的温度、光和色疲劳。

例如，在化妆中，脸形较大或偏胖的女性要选择比自己皮肤颜色略深一些的粉底，利用深色收缩原理产生的视错效用，达到收紧面型的效果。在服饰设计中，建议肥胖体型人避免穿着横条纹的浅色衣服，而穿着竖向条纹、V 型领的深色服装则会给人一种体形增高、脸形拉长、身材变苗条的视错觉效果。在发型设计中，圆脸形人应该选择顶部高耸或蓬松，两侧略收紧的发型；长脸形人则建议选择顶部头发压低，两侧发丝蓬松、自然略带波浪感的发型。

第二节　美发造型设计的步骤、方法和依据

美发造型设计是一种艺术创作，与其他艺术形式相比较，它有自身的设计原则与规律。在设计构思和操作中，必须要分析设计对象的心理需求、分析可利用的条件，并综合其他各种相关因素，作为设计操作的依据加以利用和发挥。

一、美发造型设计的步骤

造型设计，同其他物质或艺术产品的生产一样，在实施方案的过程中会不同程度地修改原设计，因此，造型设计要贯穿发型创造的全过程。

美发造型的步骤是：首先，观察顾客头发基础条件及头部生理特征和其他特征。其次，了解顾客实用需求，沟通审美理念，商定发型基本式样和发纹形状。

再次，决定工艺流程和技术措施。最后，在加工制作过程中，随时自我修正设计，并征求顾客意见，商讨改进设计，直到完成发型制作。

整个造型的步骤可概括为：观察→沟通→设计→制作→修正→成型。

二、美发造型设计的方法

目前发型的设计方法有三种：想象设计、素描设计和电脑设计。

（一）想象设计

这是一种传统的设计方法。目前，国内大多数的美发师仍在应用这种方法。这种设计方法，是通过和顾客的沟通、观察，了解和掌握顾客的基本条件，然后根据顾客的要求，通过查看一些发型图片，再结合美发师自身的实践经验和审美标准来进行设计。美发师头脑中所构思的设计图样只是一种假想的效果，在实际操作中还要及时弥补和矫正设计时的不足之处。

（二）素描设计

这种设计方法要求美发师要有一定的绘画基础。因为美发师要根据顾客的要求在一定时间之内描绘出所需要的发式造型效果图来，以供顾客选择，然后，按照所描绘的效果图进行制作加工，完成设计创作。发型构图是发型设计的核心。发型属立体图形，发型构图，就是在球形的头部及头发所处的空间，安排处理发型各部分的关系和位置，使构成发型的各部分组合成和谐的完整的发型形象。

（三）电脑设计

电脑设计发型，是近几年才开始被使用的。首先，将各种样式的发型照片、图像通过扫描等储存进软件。在进行发型设计时先将顾客提供的照片或用数码相机拍出的照片存储在电脑中，然后将事先储存的各种发型图像逐一套试，效果非常直观，如果感觉到适合、满意，即被选中。然后再按图操作。这种设计方法虽然比较方便，但过于机械，给人感觉就是生搬硬套。而且市场上美发设计软件品种过少，选择局限，易出现雷同现象。

随着科技的进步，大数据时代的到来，发型设计的方法也更加趋于智能化。现今有一种叫妙境界的信息技术平台。是以妙境智能镜台为核心设备的科技沙龙解决方案，可以将顾客提供的个人信息输入电脑中，如年龄、五官特征、喜欢的发型风格、发色、头发的曲直，然后通过后台数据分析自动生成几款式适合此信息的发型样式。将顾客的照片上传后，把选中的发型套在照片上进行试验。如果感觉不满意，可以更换发型。即使选好发型后，也可以在屏幕上随时修改调整发型的轮廓、颜色、长短、曲直等，直到顾客满意为止。这种智能化设计更接近顾客的实际需求，且灵活变化，并能够将个人信息存储在电脑中，以备下次使用。

以上三种发型设计的方法，各有各的特点，美发师可根据自己工作的实际情况来选择适合自己的方法。

三、美发造型设计的依据

美发造型设计具有很高的艺术性。要想设计出一个好的发型，美发师必须具有熟练的美发操作技术，丰富的发型知识，一定的造型技巧及正确的审美观点。

发式的造型是为了陪衬、烘托人体美，美的发型是对人而言的。但是，美发造型设计与制作也受人体各种条件和活动范围等多方面的制约。因此，美发造型设计时要充分考虑到以下各方面的客观因素。

（一）头形

人的头形大致可以分为大、小、长、尖、圆等几种形式，也可分为长、圆、扁三类。美发师必须根据不同的头形来设计发型，才能做到使顾客满意。

1．头形大

头形较大的人，不适合过于蓬松的发型，建议不要烫发，最好剪成中长或长的直发；也可以剪出层次，刘海不易梳得过于高耸，最好能够盖住一部分前额，使头形看起来显得小一些。

2．头形小

头形小的人，头发最好做得蓬松一些，长发最好烫成蓬松的大花。头发不宜留得过长，这样可使头形看起来显得大一些。

3．头形长

头形长的人，适合将两侧头发吹得蓬松，头顶部的头发不要吹得过高，应使发型横向发展，以增加头部宽度。这种头形的头发不宜留得过长，以中长发为最佳。

4．头形尖

头形的上部窄，下部宽，做发型时应将头发覆盖前额，两侧头发向后吹成卷曲状，使头形看起来呈椭圆形。

5．头形圆

做发型时，顶部头发应吹得较高并露出前额，脸的两侧应削薄遮盖部分脸颊，使头形有拉长的视觉效果。

此外，头形还有平顶的，后脑扁平或凸起的等。无论什么样的头形，只要造型能够弥补头形的不足而形成椭圆的轮廓效果，就是成功的发型。

（二）脸形

脸形是决定发型的重要因素之一，适合自己脸形的发型才是最重要的，但记住不是任何流行发型都是适合的，不管是圆脸、方脸、瓜子脸还是长脸形，都要掌握各种脸形需要修饰的重点，巧妙地运用发型线条来修饰脸形，从而达到脸形与发型的完美搭配。

美发师要熟记各种脸形的显著特征，并能分辨各种脸形，明确发型搭配脸形的方法和技巧，而后提供给顾客正确的建议。

如何识别脸型

1．椭圆形脸

适宜搭配任何发型，均可达到和谐的效果（图10-1）。

2．圆形脸

在搭配发型时，两侧的头发要尽量伏帖，顶部蓬松，并露出额头。因为头顶区蓬松感的头发会加长整体脸部的线条，让脸形看来不会那么短和圆。使脸形看上去更加接近椭圆型（图10-2）。

3．方形脸

在设计发型时，要使头发略微卷曲，弯曲的线条使人显得比较温柔，并可以掩饰宽大的额头与过于丰满的腮部（图10-3）。

▲ 图10-1　椭圆脸形　▲ 图10-2　圆脸形　▲ 图10-3　方脸形

4．长形脸

在设计发型时，要使脸颊两侧的头发蓬松，并用刘海遮住额头，缩短脸形的长度，使脸形显得丰满（图10-4）。

5．菱形脸

做发型时，重点应考虑额部及下颏，将头发剪成中长，再将头发烫成卷，运用蓬松的效果，使脸形看起来略显丰满、柔和（图10-5）。

▲ 图10-4　长脸形　▲ 图10-5　菱形脸形

6．正三角形脸

做发型时，要使发型的顶部蓬松，轮廓饱满。两侧适当地遮盖腮部，使之有收紧的视觉效果。整体会显得更有精神（图10-6）。

7．倒三角形脸

在发型设计时，顶部的轮廓自然服帖，两侧或发梢可略为蓬松，以增加下巴的宽度（图10-7）。

▲ 图10-6 正三角脸形

▲ 图10-7 倒三角脸形

（三）五官

人的五官的标准比例是“三庭五眼”。在现实生活中，许多人的五官存在着不同的不足及缺陷，美发师在为这些人设计发型时，应设法弥补这些缺陷，要能使人们的目光集中在顾客的外形优点上，从而忽视面部的不足。

1．两眼间距宽

要想减轻眼距过宽的感觉，发型设计时，可做成不对称式，一边长些，一边短些；也可将头发侧分，剪出刘海，两侧头发吹得蓬松，让头发自然地垂落在两侧。

2．两眼间距窄

发型设计的主要目的是为了使人产生出双眼较宽距离的视错觉。做发型时，可将头顶头发梳高，两侧头发一边向耳前梳，一边向耳后梳理，形成不对称感，给人造成两眼间距相对加宽的感觉。

3．鼻高

这种类型的鼻子通常有鹰钩鼻，大鼻子或尖鼻等。设计师必须尽可能地将人们的视线转移到头发上，弥补鼻子的不足之处。可将头发向内卷曲并柔和地梳理在脸形周围。

4．鼻低

这种类型的鼻子通常很小，而且鼻尖上翘。做发型时，应将头发两侧自然向后吹起，加长鼻子到耳朵的距离，使鼻子有增高的视错觉。

5．鼻歪

要想弥补歪鼻子的缺点，最好的方法就是将头发梳理成偏分，分散人们的注意力，切忌梳成对称式发型。

（四）体型

人有高、矮、胖、瘦之别，发式有短、超短、中长、长发之分。从审美学的角度来看，身体长度与头部长度的比例应为7.5∶1。然而在人群中，并不都是这种标准体型，因此应以不同的发式、不同的发型边线轮廓来修饰身材的不足，使之达到和谐美。

1．瘦长型

身材瘦长的人，脸形也多是瘦长的，一般颈部细且长，应采用两侧蓬松、横向发展的发型。选用柔和的波浪发或卷花来掩盖较长的颈部。发型底边线应采取椭圆轮廓或平直轮廓。若采取“V”字形轮廓，会将身材衬托得更加瘦长。

2．肥胖型

身材肥胖的人，一般颈部较短，头发不宜留长，最好选配短发式或超短发式，两鬓要服帖，发型后部边线轮廓可采用“V”字形，用以增强立体视觉效果。如果是长发披肩或做成波浪发型，则会造成更加压抑的感觉。

3．矮小型

身材矮小的人，比较适合留短发，头发最好剪得与头形相吻合；如果留长发，则可将头发盘结在头顶，尽可能把重心向上移，使人看起来显得高一些。

4．高大型

身材高大的人，一般脸形也较大，故不宜留短发，应根据身材的胖瘦、职业特点及个人气质选配出适合自己的中长发型。

（五）职业

在为顾客设计发型时，要注意到顾客的职业特点，应根据职业的需要，在不影响工作的前提下，力求达到理想的效果。

1．教师或机关工作人员

发型要简洁、大方、朴素、明快，最好是剪成短发或烫后稍加修理。若是梳理成中长发，则可在自然蓬松的基础上配以适宜的发卡装饰，给人以淡雅、端庄的感觉。

2．公司职员或秘书

这类人由于社会活动较多，头发最好留得长一些，以便能经常变换发型。一般可将头发烫成波浪形或剪成长碎发，这些发型稍加修饰或变动，即可适应多种场合。

3．运动员或学生

根据这类人员的职业特点，发型可做成轻松而活泼的短发型。若留长发则可扎成马尾状，看起来十分可爱，又易于梳理。

4．文艺工作者

此类人的角色变化非常频繁，适应能力强，容易接受新鲜事物。在设计上发式可随意变化，或长或短，或曲或直。体现新颖、夸张、浪漫的特点。

以上代表着四类较典型的职业，由于社会分工不同，还有着更多不同的职业，设计者应更多地按其职业特点和环境，设计出既能衬托整体美又能表现其个性的发型，让发型真正适合职业特点。

（六）年龄

随着年龄的增长，发型也随之应有变化。因此，在设计发型时，对老、中、青、少儿发式的设计，必须要把握人物年龄范围及性格特征，重视年龄段内的人的群体性情。如老年人沉着稳重、中年人稳健俊朗、年轻人热情奔放、少儿活泼天真。

1．少年发型

应以自然为主，着重体现他们天真、活泼的性格，同时也要考虑少年的自我料理能力较差，头发不宜留得过长。女孩子可将头发剪成娃娃头，或削剪成运动式。头发稍长一些的，也可将头发扎成马尾状或编成小辫。男孩子大多是寸发或自然短发（图10-8、图10-9）。

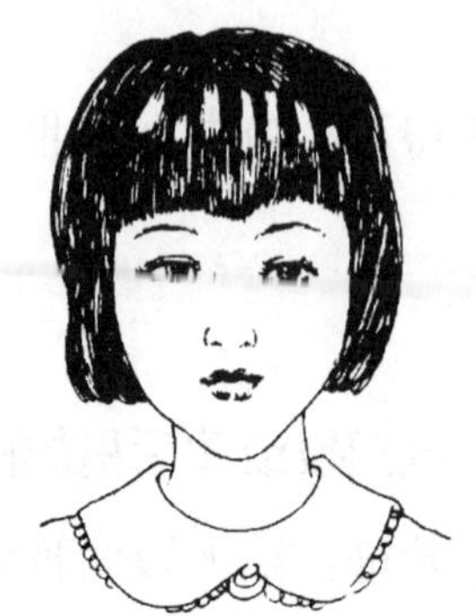

▲ 图10-8 少年发型（一） ▲ 图10-9 少年发型（二）

2．青年发型

应体现出青年人的青春魅力，具有活泼潇洒、美丽动人的特点，并有强烈的时代感。女青年发型的变化形式很多，一般可分为直发式、卷发式和束发式三种形式。

直发式，是指未经卷烫，以修剪技术为主，通过吹风技巧的配合而形成的发型，基本上保持了头发自然生长的状态。直发又有长直发和短直发之分。短直发给人以清爽自然、具有青春美感的特点；长直发则给人一种优雅、闲适、清秀之感，是许多青年女性喜爱的发型（图10-10、图10-11）。

▲ 图10-10　青年发型——直发（一）

▲ 图10-11　青年发型——直发（二）

卷发式，是指头发经过化学处理后，从内部结构至外形均发生变化，形成卷曲状态后塑造出的各种不同的发型。一头卷曲的秀发自然垂落在肩上轻轻摇曳，有一种潇洒、活泼又别致的感觉。20世纪90年代末，曾盛行各式各样的新潮烫法，如三角烫、万能烫、螺旋烫、浪板烫。而21世纪则又开始流行陶瓷烫、数码烫、空气灵感烫等方法。这些烫发的式样均得到了青年女性的青睐（图10-12、图10-13）。

▲ 图10-12　青年发型——卷发（一）

▲ 图10-13　青年发型——卷发（二）

束发式，是指通过梳辫或挽髻，并加以饰物的点缀而形成的发型。束发本身是由古代发型演变而来的，大多见于中长发的女性。束发的式样很多，它能赋予女士们典雅、庄重、秀丽的风采。此类发型适宜四季梳理，是参加婚礼、出席晚会等较隆重场合的首选发型（图10-14、图10-15）。

在青年发型中，适合女青年的发型式样很多，适合男青年的发型式样相对少一些，但随着人们的审美意识的不断提高，男士发型也发生了较大的变化，对发型设计提出了较高的要求。发型改变了过去没有个性、呆板的传统样式，更多地体现出男性特有的气质。美发已不仅仅是女性的专利，男式发型也已占有一席之地，而且线条柔和、英俊潇洒的发型不仅能使自己容颜增色，也能给他人带来美的感受。

▲ 图10-14 青年发型——束发（一）

▲ 图10-15 青年发型——束发（二）

3．中、老年发型

人到中年，更具有成熟的韵味。发型应以短发为主，要求蓬松自然，不但要式样新颖，具有时代气息，而且要根据体形、职业等特点，以突出个人的风格。老年人更应注重发型的选择。经过烫发后的短发或各式盘发都可使老年人显得比实际年龄年轻、精神矍铄、风韵十足（图10-16、图10-17）。

设计发型时，除了要考虑以上几个因素以外，还要考虑季节的不同、场合的不同、服饰的不同、人的个性不同等。总之，只有将这些美发造型设计依据加以综合考虑，才能达到最佳效果。

美发造型设计的目的就是通过发型的变化来凸显人的优点，弥补各方面的不足。当然，天生的不足，是无法靠发型彻底改变的。最终呈现的造型效果也是利用人的视错觉而形成的。所以，视错觉在发型设计中起到了重要的作用。

▲ 图10-16　中老年发型（一）

▲ 图10-17　中老年发型（二）

第三节　美发造型设计样例

本节将以大量实例介绍直发类、曲发类、盘发类及男式发型四种形式的发型。通过这些典型实例的介绍，为学习者开阔设计思路，为提高设计发型的能力提供帮助。

一、直发类

直发，是指没有经过卷烫，只通过修剪形成的样式。直发类基本上保持头发的自然状态，具有清新自然、容易护理和富有青春感的特点。直发分为长直发、中长直发和短直发三种。

（一）长直发

长直发，是指头发的长度超过肩部的直发。又长又直的头发披散在肩上像瀑布流泻，显示出青春与浪漫气息。长直发一般比较适合高个子的女性梳理，并且可以根据场合的需要变换发型，如将头发盘、扎起来等。

以图10-18为例，此款发型非常简单，直发过肩，没有过多的层次，头发自然散落到两侧。齐整的刘海斜向修剪，清新可爱。在看似简洁的发型中体现出了个性。

图10-19中的发型，同样是一款长直发，不同的是修剪出前倾式的层次，使发型的边缘形成由短到长的渐变效果，为齐整的直发造型增添了动感，显示出女性的亮丽与秀美。另外，在此发型的基础上还可借助电夹板或现今流行的离子烫，将头发进行加工，使头发看上去更加顺滑、服帖；再配上流行的妆型、时尚的服饰，一个简洁、大方的人物造型设计便呈现在人们眼前。

▲ 图10-18 长直发（一） ▲ 图10-19 长直发（二）

（二）中长直发

中长直发，是指发际线以下，肩部以上的发长。中长直发能够显现女性的端庄与稳重。

图10-20中的发型偏分头路，不留刘海。此款发型采用了集中层次的修剪方法，并将头发吹成自然内扣，适合性格内向，比较文静的女性梳理。

图10-21这款发型是采用削刀削发的方法，将头发削出层次，两侧头发削薄而服帖于脸颊，刘海削成参差不齐状，自然垂落在额头，整个发型没有刻意地进行修饰，让其自然干燥，基本保持了修剪后的原有状态。

另外，也可以将头发适当地挑染些颜色，如深棕色、浅褐色等。这样发型看上去既带有时尚气息，又不显得过分张扬。

（三）短直发

短直发，是指发长位于发际边缘的直发。短直发更显女性青春，充满活力。

以图10-22为例，这款发型的顶部运用了均等层次的修剪方法，在鬓角及颈背部则修剪成坡茬儿效果，使发型既显得美观又大方，又易于梳理，便于造型，很适合职业

▲ 图10-20　中长直发（一）

▲ 图10-21　中长直发（二）

女性梳理，也可作为运动员的首选发型之一。

图10-23款是运用削刀的技术完成的发型，看上去柔和、自然。鬓角和枕骨下面的头发薄而服帖。顶部留发略长，并将发根吹起，发尾呈自然垂落的状态。如果将全头染成酒红色，整个发型将更加前卫、时尚。

▲ 图10-22　短直发（一）

▲ 图10-23　短直发（二）

二、卷发类

卷发，也称曲发。是指经过卷和烫使头发形成卷曲状态的发型，现代时尚女性青年将头发卷曲后自然下垂，或松散随意地盘于脑后，显得柔美、性感。

卷发按头发长短也可分为长卷发、中长卷发和短卷发。由于头发的长度不同，尽管都是卷曲的头发，但给人的感觉却不尽相同。

（一）长卷发

以图10-24为例，此款发型端庄、大方，充分显示了女性成熟的魅力，操作时，先将头发修剪成低层次，经烫发后，用卷筒做出大花，再梳理成大波浪的效果。卷曲的头发，增添了动感，彰显了女性的妩媚。

▲ 图10-24 长卷发（一）

▲ 图10-25 长卷发（二）

图10-25是一款在集中层次的基础上经过烫发之后自然成型的发型。在头发上涂抹上一些饰发品，既起到了定型作用，又使头发看上去更有光泽，有质感。烫后蓬松的效果，使女性看上去更加温柔、甜美。

（二）中长卷发

图10-26是一款半卷状态的中长卷发，即在烫发后，将卷曲的头发剪去了半个花儿的长度。简洁的结构加上仔细匀称的修剪，使得卷发变得既美丽又利于自我整理。

▲ 图10-26 中长卷发（一）

▲ 图10-27 中长卷发（二）

图10-27中的这款自然卷曲的短发有股冷艳动人的高贵感。做发型时，先将头发烫卷，但时间不宜过长。待半干时抹上饰发品，用手指自然地将头发抓起呈凌乱状，再用吹风机辅助定型，头顶的头发要蓬松，发尾轻轻覆盖于前额。

如果在此发型的基础上，用点漂的方法，将头发漂成浅黄色，而头发的底色则为深棕色，二者交相辉映，不失为一种大胆的设计。

（三）短卷发

图10-28是一款超短卷发。纤细的秀发柔和地衬托着脸盘，给人以放纵不羁的感觉。烫后再进行削薄，既减轻了发量，又保持了头发的蓬松度。这种发型在炎热的夏季，深受广大青年女性的喜爱。

图10-29是一款典型的不对称式卷曲短发。偏分头路，将头发顶部吹高，两侧整

理成自然的卷曲状。整个发型虽做成不对称式，但却显示出它特有的匀称性，适合有个性的女性梳理。

图10-28 短卷发（一）

图10-29 短卷发（二）

三、盘发类

盘发也称束发，是指经过梳辫、挽髻，并借助饰物点缀而形成的发型，这类发型除生活中可以梳理之外，还常在交际场合出现，具有典雅、秀丽的美感。

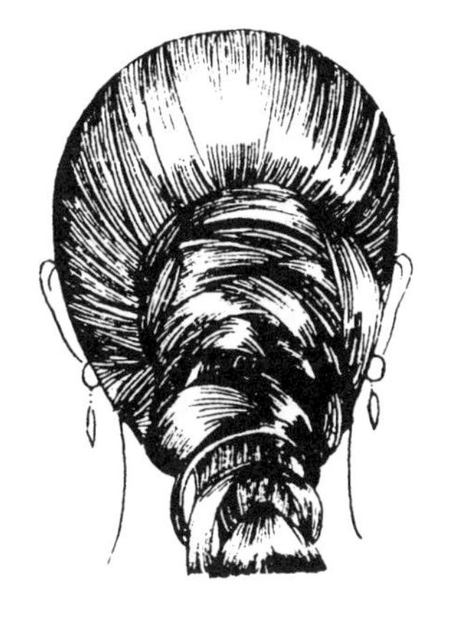

图10-30 盘发（一）

图10-31 盘发（二）

图10-30中的盘发造型可用在日常生活中。发型很简洁，将长发集中扎于头后部，再将扎好的头发分成若干发束，逐一缠绕在发根处，使发型有自然的悬垂感，显示女性的端庄、大方。

图10-31是一款比较简单的宴会发型，看上去典雅、秀丽。发型的后部梳理成包髻，发尾甩到头顶。刘海做成波纹状，与头顶的头发自然连为一体，并在头顶处加以饰品的点缀，与耳环交相辉映。

图10-32 盘发（三）

图10-33 盘发（四）

图10-32中这款盘发造型更适合比较年轻的女性梳理，可以用于参加生日聚会或舞会等。将刘海后的所有头发在头顶部扎成马尾状；再做成若干个发卷，形成一定的高度。齐整的刘海自然的向下梳理，显得青春、可爱。

图10-33是一款新娘盘发，将头发分成若干个发片，分别向头部上方做卷，使发卷之间错落有序地摆放。在发际的边缘自然散落几缕发丝，并用电热棒卷成弯曲状，使

发型显示出女性的温柔和甜美。

四、男士发型

潇洒大方、刚劲有力，显示出男子阳刚之美的发型是男士发型的主题，但随着流行趋势的变化，人们的审美标准也会有些变化。那些线条柔和、甚至有一定长度的发型被当今的青年男性所青睐。不同款式的发型所体现的效果也各不相同，如无缝式是一种曾经广为流行的男发式；寸头形可以体现男士刚毅的气质；吹得蓬松自然的头形则可表现出潇洒的风度。

以图10-34为例，此款无缝式发型线条突出，层次感强，比较适合中年男子梳理。后部头发剪短，两侧头发向上斜剪。前额处头发较长；吹风时，将一侧头发吹起，在额头形成自然的波浪，延伸至另一侧。

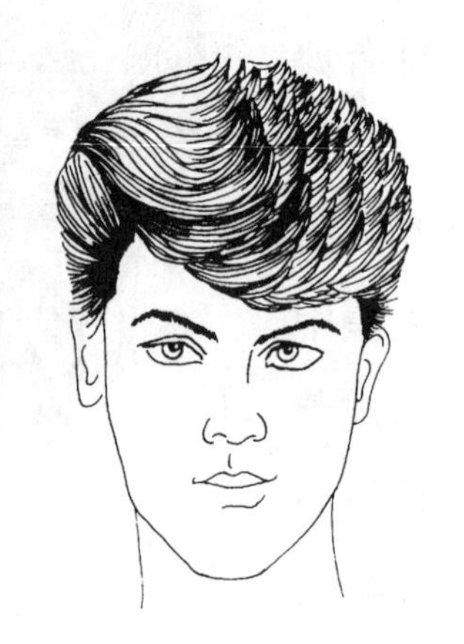

▲ 图10-34 男士发型（一）

▲ 图10-35 男士发型（二）

图10-35中的发型比较自然，随意，没有特意雕琢的痕迹，头发呈现低层次。用饰发品在头发上涂抹些后，用吹风机吹出蓬松感即可，体现男子的潇洒风度。

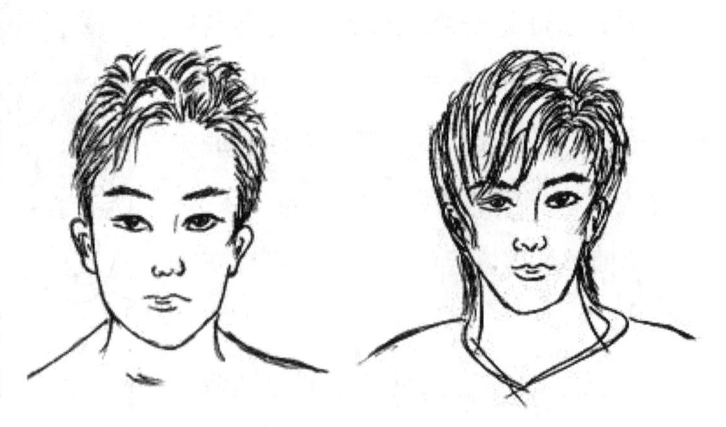

▲ 图10-36 男士发型（三） ▲ 图10-37 男士发型（四）

图10-36中的发型比较时尚，深受广大青年男士的喜爱。将头发剪成一寸长左右，并用技巧剪法把头顶处的头发修剪成参差不齐状，梳理十分简便，显示出一种男子的气概。如果再染上时尚颜色，就更增添了“酷”的感觉。

图10-37是一款非常新潮的发型，很多男青年都乐于修剪此发型，发型基本上用削刀或打薄剪刀来完成的。额前头发较长，自然垂落在两侧，若经过挑染的处理，发型将更能体现人的个性。

近两年，在男士们为数不多的发型里面，图10-38中的复古油头发型，绝对是最“高大上”的那一款。尤其在参加宴会或走红地毯的时候，一个复古有型的经典油头造型，绝对会让人感觉魅力无限。这种复古的发式造型，正在成为当今最为时尚、性感的型男标配发型。

▲ 图10-38　男士发型（五）

想一想

1. 美发造型设计构思要素有哪些?
2. 发型设计的步骤是什么?
3. 发型设计的依据都包括哪些?

练一练

1. 请为一位圆脸形、矮身材的职业女性设计并制作一款发型，可采用直发、卷发、束发中任意一种形式。
2. 请运用所学过的剪吹及漂染技术在教学发上设计出一款时尚女士短发型。

参考书目

1. 武汉市饮食服务学校. 理发技术［M］. 北京：中国商业出版社，1984.
2. 深圳金版文化发展有限公司. 美发堂［M］. 海口：南海出版公司，2006.
3. 上海市饮食服务公司，上海市美发协会. 现代发型［M］. 北京：中国轻工业出版社，1986.
4. 李芽. 中国历代妆饰［M］. 北京：中国纺织出版社，2004.
5. 劳动和社会保障部，中国就业培训技术指导中心. 美发师（基础知识）（初级技能　中级技能　高级技能）［S］. 北京：中国劳动社会保障出版社，2001.
6. 邓创. 发型助理培训教程［M］. 沈阳：辽宁科学技术出版社，2008.
7. 鸿宇. 服饰［M］. 北京：宗教文化出版社，2004.
8. 梁明楹，黄绮云. 美发常识［M］. 广州：广东科技出版社，1986.
9. 叶继锋. 发型设计［M］. 北京：高等教育出版社，2002.
10. 劳动和社会保障部，中国就业培训技术指导中心. 美发师（基础知识、技能知识）［S］. 北京：中国劳动社会保障出版社，2005.
11. 劳动和社会保障部，中国就业培训技术指导中心. 美发师（初级技能 中级技能 高级技能）［S］. 北京：中国劳动社会保障出版社，2003.
12. 明镜台. 剪发技术详解［M］. 长沙：湖南美术出版社，2008.
13. 劳动和社会保障部，国家质量技术监督局，国家统计局. 中华人民共和国职业分类大典［S］. 北京：中国劳动社会保障出版社，2008.

读者意见反馈

为收集对教材的意见建议，进一步完善教材编写并做好服务工作，读者可将对本教材的意见建议通过如下渠道反馈至我社。

咨询电话　400-810-0598

反馈邮箱　zz_dzyj@pub.hep.cn

通信地址　北京市朝阳区惠新东街4号富盛大厦1座

　　　　　高等教育出版社总编辑办公室

邮政编码　100029

防伪查询说明

用户购书后刮开封底防伪涂层，使用手机微信等软件扫描二维码，会跳转至防伪查询网页，获得所购图书详细信息。

防伪客服电话

（010）58582300

学习卡账号使用说明

一、注册/登录

访问http://abook.hep.com.cn/sve，点击“注册”，在注册页面输入用户名、密码及常用的邮箱进行注册。已注册的用户直接输入用户名和密码登录即可进入“我的课程”页面。

二、课程绑定

点击“我的课程”页面右上方“绑定课程”，在“明码”框中正确输入教材封底防伪标签上的20位数字，点击“确定”完成课程绑定。

三、访问课程

在“正在学习”列表中选择已绑定的课程，点击“进入课程”即可浏览或下载与本书配套的课程资源。刚绑定的课程请在“申请学习”列表中选择相应课程并点击“进入课程”。

如有账号问题，请发邮件至：4a_admin_zz@pub.hep.cn。